彩图 1　奶牛生产环境卫生保障

彩图 2　喷淋降温

彩图 3　感官评价干草品质

彩图 4 优质苜蓿青贮

彩图 5 患脐部脏器突出的荷斯坦犊牛

彩图 6 患脐静脉炎的 3 日龄犊牛

彩图 7 患脐疝的犊牛

彩图 8 患脐脓肿的犊牛

彩图 9 患吮吸癖的犊牛

彩图 10 患轮状病毒和隐孢子虫的杂交利木赞犊牛

彩图 11 患白痢的犊牛

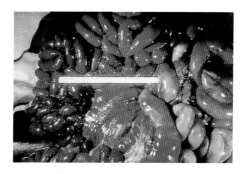

彩图 12 患肠毒血症的犊牛

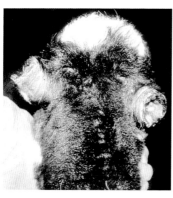

彩图 13 患都柏林沙门菌的犊牛

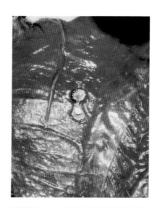

彩图 14 患急性皱胃溃疡伴
有穿孔性溃疡的犊牛

彩图 15 患球虫病的犊牛

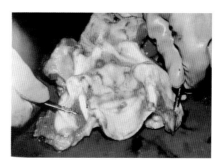

彩图 16 患坏死性肠炎的犊牛

彩图 17　患瘤胃臌气和腹泻的犊牛

彩图 18　口鼻部脱毛的犊牛

彩图 19　患白喉的犊牛

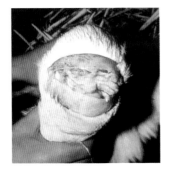

彩图 20　患关节病的犊牛

彩图 21　患碘缺乏性甲状腺肿的犊牛

疫情下
奶牛健康生产技术指南

主　编　马　毅　付旭彬

副主编　陈丽丽　陈龙宾　张　蕾

编　者（以姓氏笔画为序）

马　毅（天津市农业科学院）

马文芝（天津农学院）

田雨佳（天津农学院）

付旭彬（天津瑞普生物技术股份有限公司）

芦　娜（天津市农业科学院）

李　存（天津农学院）

张　蕾（天津市农业科学院）

张淑荣（天津农学院）

陈龙宾（天津市农业科学院）

陈丽丽（天津市农业科学院）

主　审　张国伟（天津市农业科学院　研究员）

机械工业出版社

本书共有九章内容，主要包括新冠肺炎疫情等国际公共卫生突发事件对奶牛业的影响及防控要点、奶牛疾病的防治、人畜共患病的防控、生鲜乳质量安全与快速检测、奶牛粪污处理要点、奶牛健康养殖与管理、犊牛的饲养管理等，注重实用性，力求通俗易懂，对疫情下奶牛养殖业的健康发展，具有一定的指导意义。

本书适合奶牛养殖场饲养员、管理者及相关技术人员使用，对肉牛、肉羊的养殖也具有参考意义，也可供农林院校相关专业的师生阅读。

图书在版编目（CIP）数据

疫情下奶牛健康生产技术指南/马毅，付旭彬主编. —北京：机械工业出版社，2021.1
ISBN 978-7-111-66911-1

Ⅰ.①疫… Ⅱ.①马…②付… Ⅲ.①乳牛 – 饲养管理 – 指南
Ⅳ.①S823.9 – 62

中国版本图书馆 CIP 数据核字（2020）第 225135 号

机械工业出版社（北京市百万庄大街 22 号 邮政编码 100037）
策划编辑：高 伟 周晓伟 责任编辑：高 伟 周晓伟
责任校对：张 力 史静怡 责任印制：孙 炜
保定市中画美凯印刷有限公司印刷
2021 年 1 月第 1 版第 1 次印刷
145mm×210mm·6 印张·2 插页·193 千字
标准书号：ISBN 978-7-111-66911-1
定价：29.80 元

电话服务 网络服务
客服电话：010-88361066 机 工 官 网：www.cmpbook.com
010-88379833 机 工 官 博：weibo.com/cmp1952
010-68326294 金 书 网：www.golden-book.com
封底无防伪标均为盗版 机工教育服务网：www.cmpedu.com

前　言 / PREFACE

　　自2007年世界卫生组织（WHO）实施管理全球卫生应急措施的《国际卫生条例（2005）》以来，国际公共卫生紧急事件发生的频次似乎有增无减。作为从事第一产业的农业工作者，必须把控好传染病所致的风险，保证生产，这是行业特点使然。

　　2020年，突然暴发的新冠肺炎疫情，对许多行业都产生了严重的影响。对于奶牛业来说，主要的影响是因交通运输的停止，造成生产原料的断供及整个生产链条的断裂。其次，按传染病流行过程三个基本条件，即传染源、传播途径和易感对象（人群或动物）而言，所有奶牛生产的实践者，又都在传染病的三个要素中占据着一定的位置。传染源主要包括患者、隐性感染者、病原携带者及感染动物。传播途径主要有呼吸道传播、消化道传播、接触传播、虫媒传播，以及血液和体液传播。所谓易感人群是指对某种传染病缺乏特异性免疫力的人。

　　面对新冠肺炎疫情对奶牛养殖的影响，为确保在此类突发重大公共卫生事件情况下奶牛业能够健康发展，结合奶牛业尚存在的短板，天津市奶牛产业技术体系创新团队组织编写本书，具有一定的必要性和紧迫性。

　　本书内容主要包括新冠肺炎疫情等国际公共卫生紧急事件对奶牛业的影响及防控要点、奶牛疾病的防治、人畜共患病的防控、生鲜乳质量安全与快速检测、奶牛粪污处理要点、奶牛健康养殖与管理、犊牛的饲养管理等，注重实用性，力求通俗易懂。

　　我们相信，新冠肺炎疫情一定能被控制住。但我们也认为，加强对

各种传染病的控制能力建设，确保在重大疫情面前能保障动物生产的有序进行是我们从业者的永恒任务。

由于编者水平有限，书中肯定会有疏漏及不足之处，恳请读者批评指正，以利于我们不断改进。

编　者

目　录 / CONTENTS

前言

第一章
国际公共卫生紧急事件与动物生产

第一节　国际公共卫生紧急事件

一、国际公共卫生紧急事件的概念

近年来，国际公共卫生紧急事件增多，公共卫生应急问题成为全球瞩目的焦点。了解公共卫生紧急事件，尽早建立应急管理体系，储备足够丰富的知识和经验，才能使我们树立必胜信心，取得最终胜利。

国际公共卫生紧急事件（Public Health Emergency of International Concern，PHEIC）是指通过疾病的国际传播构成对其他国家公共卫生风险，并有可能需要采取协调一致的国际应对措施的不同寻常的事件。

世界卫生组织（World Health Organization，WHO）提出 PHEIC，是为了面对公共卫生风险时，既能防止或减少疾病的跨国传播，又不对国际贸易和交通造成不必要的干扰，使相关国家地区遭受经济损失。根据疫情的发展，世界卫生组织宣布 PHEIC 后随时可以撤销及修改。PHEIC 发布后的有效期为 3 个月，之后自动失效。

二、国际公共卫生紧急事件的确定流程

1. 组成突发事件委员会

世界卫生组织总干事应根据最接近正在发生的具体事件的专业和经验的领域，从《国际卫生条例》专家名册中选出若干专家，组成突发事件委员会（又称为"紧急情况委员会"），召开突发事件委员会会议。

2. 确定为国际公共卫生紧急事件的依据

是否宣布为"国际公共卫生紧急事件"的一个重要考量标准是，病毒是否具备持续的人际传播能力。世界卫生组织总干事将征求突发事件委员会的意见，最终决定某一事件是否构成"国际公共卫生紧急事件"。

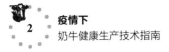

3. 采取行动应对危机

在某种疫情被宣布为"国际公共卫生紧急事件"后,世界卫生组织总干事和各成员国需要根据委员会的建议,采取行动应对危机。根据《国际卫生条例(2005)》,各成员国均负有对"国际公共卫生紧急事件"做出迅速反应的法律责任。

在这之后,世界卫生组织总干事有权力向其他国家发布建议,如敦促他们不要在疫情暴发时关闭边界,不要对疫情暴发国实施旅行和贸易限制。这一点非常重要,因为一旦其他国家实施这些限制,就形同实际意义上的经济制裁,这可能会使疫情暴发国隐瞒疫情的真实情况,对于疫情的全球应对非常不利。

另外,宣布疫情为"国际公共卫生紧急事件",世界卫生组织会发布一个临时建议,包括各国对人员、物品及交通工具应采取的卫生措施,并协调全球人力物力,必要时对发生国际公共卫生紧急事件的地区给予指导与帮助,如筹集外界援助资金等。

三、对国际公共卫生紧急事件采用的措施

1. 世界卫生组织(WHO)的建议

国际公共卫生紧急事件发生时,世界卫生组织会对各国提出相应建议和措施。2020 年 1 月 30 日,世界卫生组织总干事宣布新冠肺炎疫情构成国际关注的公共卫生紧急事件,世界卫生组织对与动物生产相关的建议与措施如下。

(1) 对我国的建议 继续确定疫情的人畜共患病源,尤其要确定其传播潜力,并尽快与世界卫生组织共享有关信息。

(2) 对所有国家的建议 任何在动物中检出 2019 新型冠状病毒的情况(包括有关病毒种类、诊断检测结果和相关流行病学信息)均应作为新发疾病向世界动物卫生组织报告。

(3) 对国际社会的建议 由于这是一种新型冠状病毒(简称新冠病毒),而且以往的经验表明,针对类似的冠状病毒,需要为促进定期共享信息和开展研究做出巨大努力。因此,国际社会应继续团结合作,相互支持,以确定这一新型病毒的起源及其在人际传播中的全部潜力,防范可能输入的病例并开展研究,以开发必要的治疗方法。向低收入和中等收入国家提供支持,使其能够应对这一事件,并促进获得诊断工具、潜在的疫苗和疗法。

2. 我国采取的措施

（1）总体措施

1）第一阶段，围绕重点地区防输出、全国其他地区防输入的防控目的，以控制传染源，阻断传播，预防扩散为主要策略，采取启动响应和多部门联防联控，全国 31 个省（自治区、直辖市）先后启动重大突发公共卫生事件一级响应。2020 年 1 月 3 日向世界卫生组织通报疫情，1 月 12 日分享毒株全基因组序列，制定下发诊疗、监测、流调、密切接触者管理和实验室检测方案。

2）第二阶段，围绕降低流行强度，缓疫削峰的防控目的，关闭野生动物市场，隔离野生动物繁育养殖设施；1 月 20 日，将新冠肺炎纳入法定报告乙类传染病和国境卫生检疫传染病，实行体温监测和健康申报制度；1 月 23 日，对武汉实行严格限制交通的措施；全面落实"四早""四集中"，确保应治尽治；延长春节假期、交通管制，减少人员流动；动态发布疫情和防控信息，统筹调配医疗物资，新建医院，启用储备床位和征用相应场所；生活物资保供稳价，维护社会平稳运行。

3）第三阶段，围绕减少聚集性疫情，彻底控制疾病流行，统筹兼顾疫情防控与经济社会可持续发展的目的，统一指挥、精准施策。在武汉等湖北省疫情重点地区突出"救治"和"阻断"，继续做实做细"应检尽检、应收尽收、应治尽治"；采取以风险为导向的地域差异化防控措施，应用新技术加强密切接触者和重点人群管理；全国对口支援武汉等湖北省疫情重点地区，迅速遏制疾病流行；完善开学前准备工作，分类分批有序复工复产；普及防病知识，全面开展应急科研攻关等。

（2）国家层面的具体措施

1）将新冠肺炎纳入法定传染病乙类管理，采取甲类传染病的预防、控制措施，同时纳入国境卫生检疫传染病管理。各地、各部门和各级各类医疗卫生机构可以依法采取病人隔离治疗、密切接触者隔离医学观察等防控措施。

2）国家卫生健康委员会牵头建立应对新冠肺炎疫情联防联控工作机制，成员单位共 32 个部门。联防联控工作机制下设疫情防控、医疗救治、科研攻关、宣传、外事、后勤保障、前方工作等工作组，分别由相关部委负责同志任组长，明确职责，分工协作，形成防控疫情的有效合力。

3）强化疫情监测报告工作，从 1 月 20 日起在全国范围内实行新冠

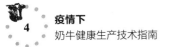

肺炎病例日报告和零报告制度，从1月21日起国家卫生健康委员会每天汇总发布全国各省份确诊病例数据。

4）指导湖北省武汉市制定完善病例诊治、应急监测、流行病学调查处置、采样检测等技术方案。向武汉派驻国家级医疗专家指导医疗救治工作，对重症病例实行"一人一案"，尽最大努力减少重症和死亡人数。

5）加大疫情防控科研攻关力度，充分发挥相关科研、专业技术机构和专家作用，尽快查明传染来源、传播途径，密切跟踪监测病毒毒力、传播力的变化，做好应对疫情变化的技术准备。

6）进一步强化国际交流合作，继续主动加强与世界卫生组织、有关国家和地区的疫情信息沟通，与世界卫生组织等及时、定期开展专家层面的防治技术细节交流，共同研讨完善疫情防控措施。

7）部署全国卫生健康系统加强值班值守，严格落实春运期间的防控措施，要求各级卫生健康行政部门和医疗卫生单位调派熟悉工作的人员做好春节期间的值班工作，各级医院和疾控机构要留足在岗人员。

（3）天津市采取的具体措施 制定出台《天津市打赢新型冠状病毒感染肺炎疫情防控阻击战进一步促进经济社会持续健康发展的若干措施》，从减税、降费、提效、提供金融服务支持、稳定企业用工等方面帮扶企业。在疫情防控过程中，信息通报准确透明，管控措施精细严密，异常情况应对处置及时有效，机关干部下沉到社区和村庄一线，把防控措施做到位，切实完善公共卫生服务体系，提高应急管理水平，创建和谐高效宜居的营商环境，为天津市高质量发展创造良好条件。

四、新型冠状病毒

冠状病毒属于套式病毒目冠状病毒科冠状病毒属，是一类具有囊膜、基因组为线性单股正链的RNA病毒，也是自然界广泛存在的一大类病毒。该病毒基因组5′端具有甲基化的帽状结构，3′端具有poly（A）尾，基因组全长27000～32000个碱基对，是目前已知RNA病毒中基因组最大的病毒。

冠状病毒仅感染脊椎动物，与人和动物的多种疾病有关，可引起人和动物呼吸系统、消化系统和神经系统疾病。

动物冠状病毒包括哺乳动物冠状病毒和禽冠状病毒。哺乳动物冠状病毒主要为α、β属冠状病毒，可感染蝙蝠、猪、犬、猫、鼠、牛、马等多种动物。禽冠状病毒主要来源于 γ、δ 属冠状病毒，可感染鸡、麻雀、鸭、鹅、鸽子等多种禽鸟类。

2020 年 1 月 30 日，世界卫生组织发布新冠肺炎疫情为国际公共卫生紧急事件，强调不建议实施旅行和贸易限制，并再次高度肯定我国的防控举措。2020 年 2 月 11 日世界卫生组织将新冠肺炎命名为"COVID-19"。

1. 新冠肺炎病原学特点

新型冠状病毒属于 β 属的新型冠状病毒，有包膜，颗粒呈圆形或椭圆形，常为多形性，直径为 60～140 纳米（图 1-1），其基因特征与 SARSr-CoV 和 MERSr-CoV 有明显区别。体外分离培养时，96 小时左右即可在人呼吸道上皮细胞内发现新型冠状病毒，而在 Vero E6 和 Huh-7 细胞系中分离培养需约 6 天。

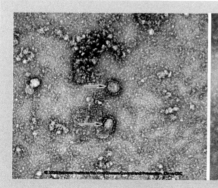
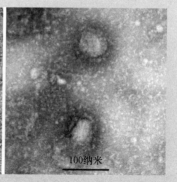

100纳米

图 1-1　新型冠状病毒
照片来源：国家病原微生物资源库（中国疾病预防控制中心病毒病预防控制所）

该病毒对紫外线和热敏感，56℃水浴 30 分钟，以及乙醚、75% 酒精、含氯消毒剂、过氧乙酸和氯仿等脂溶剂均可将其有效灭活，但氯己定不能将其有效灭活。

2. 新冠肺炎流行病学特点

（1）传染源　目前所见传染源主要是新型冠状病毒感染的患者。无症状感染者也可能成为传染源。

（2）传播途径　国家卫生健康委员会发布的《新型冠状病毒肺炎诊疗方案（试行第七版）》指出："经呼吸道飞沫和密切接触传播是主要的传播途径。在相对封闭的环境中长时间暴露于高浓度气溶胶情况下，存在经气溶胶传播的可能。由于在粪便及尿中可分离到新型冠状病毒，应注意粪便及尿对环境污染造成气溶胶或接触传播。"由此可见，新型冠状病毒主要有以下3种传播途径。

1）飞沫传播。病人喷嚏、咳嗽、说话产生的飞沫和呼出的气体近距离接触直接被吸入，导致感染。飞沫是直径大于5微米的含水颗粒，其散发的距离并不长，一般情况下在1米之内可直接进入易感物体表面，没有外部条件（如风力）的帮助，飞沫喷射到2米以外的可能性几乎没有。在生活中，一般间隔2米以上飞沫传播的概率非常低。因此，理论上距离传染源在1米以外是相对安全的，距离2米以上是绝对安全的。飞沫传播是新冠病毒主要的传播途径（图1-2）。

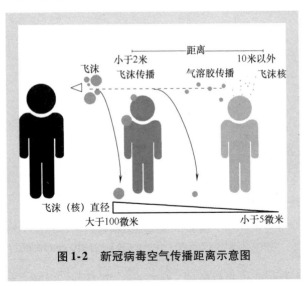

图1-2　新冠病毒空气传播距离示意图

2）接触传播。病原体通过媒介物直接或间接接触。直接接触传播指病原体从传染源直接传播至易感者合适的侵入门户，间接接触传播指间接接触了被污染的物品所造成的传播。例如，手及日常生活用品（床上用品、玩具、食具、衣物等）被传染源的分泌物、飞沫、排泄物等污染后，可起到传播病原体的作用。

3）气溶胶传播。气溶胶是指悬浮在气体（如空气）中所有固体和液体颗粒（直径为0.001～100微米）。自然界中，人类赖以生存的空气中微粒无处不在，构成一个宏大的"气溶胶世界"。气溶胶在长时间远距离散播后仍具有传染性。干燥后的飞沫核心颗粒混合在空气中形成气溶胶，被吸入后可能导致感染。气溶胶虽然不是传播的主要途径，但因其在空气中悬浮时间长、漂浮距离远，潜在危害十分严重。

（3）易感人群 各个年龄段的人都可能被感染，其中老年人和体弱多病的人似乎更容易被感染。

第二节 新冠肺炎疫情对奶牛生产的影响

一、新冠肺炎疫情对天津奶牛产业影响的调研分析

为全面了解产业现状，聚焦关键问题，天津市奶牛产业技术体系创新团队分别于 2020 年 2 月 6 ~ 7 日和 2 月 17 ~ 22 日开展了奶牛产业影响调研。调研采用电话调研方式，对象为 19 家奶牛养殖企业，内容涉及原料供应、牧草种植、繁殖育种、疫病防控、生鲜乳销售、人员复工与防疫等方面，具体影响如下。

1. 主动淘汰受阻，养殖企业生产成本增加

主动淘汰在奶牛养殖业也占有一定量的收入比。调研的 19 家奶牛养殖企业中，10 家有主动淘汰奶牛的意愿，应淘汰奶牛总数为 511 头，有 80 头进行了主动淘汰，疫情期间，能完成主动淘汰率的仅占 15.66%。受阻主要原因是乡村封路交通不畅、价格太低及屠宰厂未正常开工。目前，奶牛淘汰价格仅是年前价格的 1/6 ~ 1/3，奶牛主动淘汰受阻，养殖企业不仅收入减少，而且每头奶牛又增加 50 元/天的生产成本，使养殖企业资金流受到一定的影响。

2. 饲料影响

1）饲料由基本充足向充足转换，但饲料和物流成本上升。调研的所有的奶牛养殖企业粗饲料和精饲料备货均为充足，较半个月前的基本充足明显向好。粗饲料中，苜蓿上涨 100 ~ 300 元/吨，燕麦上涨 400 元/吨；精饲料中，豆粕上涨 300 ~ 400 元/吨，棉籽上涨 200 元/吨，压片玉米上涨 50 ~ 200 元/吨，玉米上涨 340 ~ 400 元/吨。饲料上涨的原因主要是外省市饲料原料运力不足，饲料加工企业虽已开工，但企业人员复工率低。由于司机运输风险较大，饲料运输费用也在上涨，每吨上涨 20 ~ 150 元不等。总体来看，饲料成本上涨 25% 左右，物流成本上涨 40% ~ 200%。

2）少数奶牛养殖企业饲料配方做了微调。因为精饲料短缺和涨价，部分牧场便调整了饲料配方。在不影响奶质的前提下，仅有21%的奶牛养殖企业对饲料配方做了微调，较之前的20%奶牛养殖企业因个别原料断货对配方所做的调整幅度小，奶牛应激反应小。

3）生产性能测定、选种配种和体形鉴定等工作暂停，繁殖育种影响较大。受新冠肺炎疫情的影响，94.74%的奶牛养殖企业生产性能测定等工作暂停，有1家从未开展过。选种配种和体形鉴定工作也不能正常开展。100%的奶牛养殖企业的配种为企业自行聘用技术人员实施，进口和国产精液供应充足。但由于生产性能测定、选种选配和体形鉴定等工作暂停，奶牛繁殖育种工作受到较大影响。

4）生鲜乳收购量未受影响，但品质门槛明显提高，价格下降明显。除大型集团内部统一调配奶价、奶量的奶牛养殖企业外，其他奶牛养殖企业均按合同数量向乳品加工企业出售生鲜乳，但从2020年1月开始，生鲜乳出售价格均有下降，生鲜乳价格下降0.1～0.5元/千克不等，23.53%的企业下降0.5元/千克，17.65%的企业下降0.4元/千克，29.41%的企业下降0.3元/千克，23.53%的企业下降0.2元/千克，5.88%的企业下降0.2元/千克。76.47%的奶牛养殖企业表明，乳品加工企业对生鲜乳各项指标要求明显更加严格。

5）奶牛养殖企业资金压力大。受调研的奶牛养殖企业有89.47%表示资金压力大，其原因：一是主动淘汰受阻，收入减少，养殖企业生产成本增加；二是饲料成本、物流成本、用工成本增加，以及防护物资和消毒用品费用增加。

6）企业人员复工率高，疫情严重区受影响较大，人工成本明显增加。奶牛养殖企业人员复工率达到95.18%，其中57.89%的奶牛养殖企业的人员复工率为100%，21.05%的企业人员复工率在90%以上，10.53%的企业人员复工率为80%～89%，10.53%的企业人员复工率为70%～79%。由于疫情封村，人员出入困难，疫情严重区的奶牛养殖企业人员复工率较低，仅有70%～81%。为做好防疫工作，养殖企业人员不能流动，绝大多数企业采取集中采购生活物资方式，并承担其相应的费用，每名员工约增加15元/天的费用，同时少数企业因技术人员未回，工作量加大，不得不通过发放加班费、奖金的方式，给予员工补偿，甚至有的奶牛养殖企业为了留住员工，照常为未返岗员工发放工资，导致人工成本增加。员工未返场的原因主要有两方面：其一，村庄封路，交通受限，无法返场；其二，考虑到新冠病毒的潜在风险，要求员工暂不要返场。

7）"春防"工作短期影响小，但部分企业消毒品不足。"春防"工作一般在3月底、4月初，从时间上看，"春防"工作短期内不受影响，经调研，奶牛养殖企业的口蹄疫、布病免疫和两病（布病与结核）检测正常，消毒工作均在加强，消毒次数由1次/周上升为1次/天、1次/2天和1次/3天不等。但有15%的奶牛养殖企业消毒药品短缺，只使用火碱（氢氧化钠）消毒，二氧化氯和过氧乙酸等消毒品短缺。

8）"春播"工作短期影响较小，但用工费用明显增加。由于年前种源备货充足，与农机公司合作良好，"春播"工作有序进行。但由于疫情影响，部分企业人员紧张，用工费用明显上涨，较年前人员费上涨200～300元/天。由于人员紧张，有1家奶牛养殖场的燕麦种植计划取消，人员费用增加将直接导致下半年粗饲料不足或价格上涨。

二、新冠肺炎疫情对奶牛产业的总体影响与趋势分析

1）企业经营压力大，部分小型奶牛牧场退出养殖业，存栏量下降或将成为长期趋势。新冠肺炎疫情影响的资金回流不及时，全要素生产成本明显增加，超出小型奶牛牧场的资金承载力，小型牧场对未来奶牛养殖失去信心，将退出奶牛养殖业。由于奶牛养殖业投资大，成本高，效益低，比肉牛、肉羊养殖技术含量高，新资本进入难，现有大型牧场担心奶源过剩，奶价会下降，不会轻易增加存栏量，存栏量下降或将成为长期趋势。

2）粗饲料成本会继续增加。从调研结果看，新冠肺炎疫情使奶牛、肉羊和肉牛养殖企业的"春播"工作中，人工费用上涨加大。从国内外市场来看，2019年以来进口和国产苜蓿、燕麦价格一直在上涨，新冠肺炎疫情严重的地区，"春播"工作受影响加大，不仅人工费用上涨，播种面积也受到影响。综合上述因素，粗饲料价格仍会有上涨趋势，饲料成本会继续增加。

3）生鲜乳价格短期内不会反弹，消费者对乳制品的购买力下降。根据搜狐财经报道，受疫情的影响，乳企部分产品销量下滑，面临巨大压力，生鲜乳喷粉量相应增加，再加上年前乳企大量进口国外奶粉，短期内库存很难消化。因此预测后市，生鲜乳价格短期内不会反弹。

4）奶牛精细化养殖是未来发展趋势。生鲜乳价格下行，倒逼国内

奶牛养殖企业通过精细化养殖，降低全产业链生产成本，提高劳动生产率和养殖效益。

5）提升社会化服务组织服务范围和服务能力，必将成为一个长期的需求。为了持续提高牛羊养殖业的抗风险能力，必将通过社会化服务组织服务范围的扩大和服务能力的提升，一方面解决中小牧场人力资本不足的问题，另一方面从科技支撑角度，有效促进养殖业的竞争力持续提升。

第二章
奶牛养殖场新冠肺炎疫情防控要点

第一节　牧场管理基本措施

新冠肺炎具有很强的人与人之间的传染性，将人员隔离是防控新冠肺炎的最好方法。但是对于牧场工作人员来说，并没有年、节及其他假日，即使在全民抗疫的现阶段，牧场人员依旧奋战在工作一线。因此，做好工作人员入场前的各项防控工作对牧场正常生产秩序的维持至关重要。生命重于泰山，把人民群众生命安全和身体健康放在第一位，把疫情防控工作作为当前最重要的工作来抓，安全至上、健康至上、生命至上。牧场全面复工复产前应保证以下几个方面必须到位。

一、人员管控到位

牧场制作复工、复产人员花名册（涵盖场长、技术人员、生产人员、食堂工作人员、门卫等场区内生产、生活的所有人员），对复工、复产人员进行相关检测，排除隐患。饲料输入及牛奶输出需要记录详细的车辆及车辆驾驶人员信息。有条件的养殖场限制场内人员外出，采用封场式管理。确定各岗位职责及工作时间，合理分配人员，妥善安排场内人员住宿。派专人妥善采购物资，增派食堂人员，解决好职工就餐问题。特殊时期严禁外来人员入场。

二、物资储备到位

做好饲料、兽药等常用物资的储备工作，要求牧场提前15天做好饲料、兽药等常用物资的储备计划，每天上报库存情况，并积极与供应商联系，集中采购苜蓿、豆粕、压片玉米等物资，保证饲料、兽药等稳定供应。同时，做好各类应急物资储备，包括口罩、防护衣等防护用品，以及消毒剂、防毒器具和非接触式体温计，储备量的使用时间应不低于14天。

三、防疫防控方案到位

牧场制定本场防疫防控工作方案，明确企业主要负责人为第一责任人，分管负责人为具体负责人，包括对场区清洗消毒、员工佩戴口罩、返场立即全身检查、进车间前测量体温、生病主动报告等措施，以及视情况要求穿隔离服、定时洗手、做好敏感人群防范等具体措施，均需在方案中落实到责任人员。对牧场防疫工作履行主体责任，明确好应急处置、信息报送、安全防范、就餐上班分流等工作机制，并提供牧场承诺函。

四、日常管理到位

牧场须建立人员及车辆进出登记台账，对场区内包含食堂、宿舍及其他人流密集场所按要求进行杀毒处理，对使用过的口罩进行无害化处理，严禁员工大规模聚集，要配合相关部门开展情况排查和报送，同时按安全生产规范和环保要求做好生产工作。

五、宣传教育到位

须利用牧场内部微信群、显示屏、广告栏等进行防疫宣传；须对牧场员工开展防疫知识宣传教育；须积极配合防疫部门进行相关宣传教育。

六、执行防疫工作到位

必须严格执行各级新冠肺炎疫情防控工作领导小组下达的指令，生产中如遇重大决策调整，牧场必须严格执行；必须严格落实主体责任，若出现疫情或重大隐患，将责令牧场停工，造成不良后果的将依法追究责任。

第二节　牧场防疫要点

疫情发生后，多地封城、封村、封路的网格化防控，导致饲料、兽药等生产物资运输受阻，部分养殖场饲料无法满足供应，同时生产出的牛奶运不出去，严重影响奶牛产业的生产持续性，对此农业农村部紧急应对，制定了《农业农村部办公厅 交通运输部办公厅 公安部办公厅关于确保"菜篮子"产品和农业生产资料正常流通秩序的紧急通知》（农办牧〔2020〕7号）及《农业农村部办公厅关于维护畜牧业正常产销秩序保障肉蛋奶市场供应的紧急通知》，各相关部门的协调下，牧场的饲料、药物、疫苗，以及乳制品的运输和物流问题已基本解决，对运输车辆进行登记备案，在此基础上牧场门卫还应把好最后一道关卡，对每天必要运输车辆的信息进行及时登记，车辆在场外做消毒处理，车上人员测量体温登记后方可进入场区。

一、门卫管理

场区大门口外侧设消毒池，内侧铺撒生石灰；人员出入通道处设置消毒室及消毒洗手液。门卫人员必须佩戴口罩、橡胶手套，每天应更换防护用品；其他人员不得在门卫处停留、闲聊。

1. 外来人员进出牧场

1) 门卫检查登记。任何外来人员进入场区须请示场长同意，由门卫对其进行体温检测，若体温高于37.3℃，门卫有权拒绝该人员入内。体温正常后重点询问近期活动史，如有无接触疫病确诊病例、疑似病例，有无密切接触者等。如有以上情况，门卫第一时间上报场长，并拒绝该人员入场。

门卫必须对外来人员就以下事项进行询问、确认：不是来自疫区，也不是疫病患者的密切接触者，体温正常，没有咳嗽、呼吸困难等症状，入场事由等，做好登记并填写"外来人员入场确认单"，外来人员入场后需由牧场接待人员在"外来人员入场确认单"上签字。记录应保存完整、规范。

门卫要检查外来人员佩戴口罩是否合格，包括口罩型号、口罩佩戴方式是否合格，口罩是否出现湿透现象等。若出现以上问题，门卫有权拒绝外来人员入内，或者为其提供合格口罩。

2) 外来人员消毒流程。

第一步：要求外来人员进行手部消毒，选择75%酒精，要确保手心手背全面消毒，这是杜绝接触传播非常有效的措施。如果无酒精或者酒精过敏者，也可用含氯消毒剂和季铵盐类消毒剂消毒，但需要根据说明书进行配制和使用。

第二步：有条件的养殖场让外来人员佩戴鞋套、帽子、一次性橡胶手套等防护用品，进入生产区必须按防疫要求穿戴、消毒。如果多人进入养殖场，人员间距保持1米以上（图2-1）。

第三步：外来人员进入消毒室，喷雾消毒时间不能少于1分钟，推荐喷雾消毒剂使用含氯消毒剂、季铵盐类消毒剂和双硫酸氢钾复合粉。

消毒室地面必须设置鞋底消毒地毯（图2-2）或者消毒池。

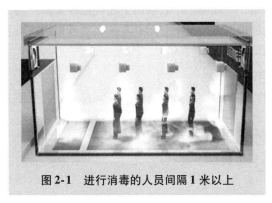

图2-1　进行消毒的人员间隔1米以上

图2-2　消毒通道喷头要充足，要有消毒地毯

门卫处（消毒室）要进行严格的检查，必须安装紫外线灯或雾化消毒设备，紫外线灯安装位置符合消毒要求，每天要定时进行紫外线消毒。雾化消毒设备要检测喷雾口是否全部正常，喷雾量要充足，建议选择超声波喷头，喷出雾粒直径在1~10微米范围内，且配置喷头要充足，可以通过喷雾充满消毒室的时间是否少于15秒作为喷头是否充足的依据。

3）外来人员进入场内非生产区管理。外来人员进入场内后应与场内人员保持1米以上间距，在交流时保持2米以上间距，尽量避免面对面交流。外来人员饮水时用一次性水杯，用完后及时消毒处理。严禁外来人员在场内留宿、用餐。

2. 车辆进出场区管理

1）经场长许可后，做好登记，记录应保存完整、规范。进入场区的车辆，必须在场区入口处进行彻底消毒（尤其是轮胎、底盘及车身四周，见图2-3、图2-4），消毒剂优先选用4‰的"优力消"，消毒程度以消毒部位滴水为准。

图2-3　车辆喷淋和地面
消毒池结合消毒

图2-4　无喷淋消毒通道时用喷壶
对轮胎进行消毒

2）场区门口需配备车辆自动喷雾消毒机或者设置消毒池、消毒垫、背式喷雾消毒器，保证消毒设备正常使用，消毒剂优先选用2‰的"优力消"，消毒程度以消毒部位滴水为准。

3）进入生产区的车辆，除以上要求外，驾驶人必须按照外来人员防护要求穿戴防护用品或者穿着牧场防护服入场。

二、办公管理

正常情况下，牧场生产工作人员相对不会产生聚集，但在抗击新冠肺炎疫情特殊时期，应全员做好防控，牧场应分组管理并监控各组人员身体状况，按照牧场各项工作分工可分为办公组、兽医繁殖组、奶厅组、饲养组、后勤组及餐厅组。各组依据不同工作时间分别安排专人对员工进行体温测量并记录，每天2~3次，体温超过37.3℃的人员，回家观察休息，必要时到医院就诊。

生产人员在进入各自常规办公区域前应自觉接受体温检测并记录，体温正常可投入工作；生产人员每天对各自办公场所进行1次消毒，重点区域（更衣室、办公室、生活垃圾堆放处）安排专人每天早晚各消毒1次（图2-5、图2-6）。地面、墙壁可用1000毫克/升的含氯消毒液或500毫克/升的二氧化氯消毒剂擦拭或喷洒消毒；进行地面消毒时先由外

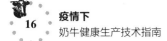

向内喷洒 1 次，喷药量为 100～300 毫克/米²，待室内消毒完毕后，再由内向外重复喷洒 1 次。消毒作用时间应不少于 30 分钟；物体表面可用 1000 毫克/升的含氯消毒液或 500 毫克/升的二氧化氯消毒剂进行喷洒、擦拭或浸泡消毒，作用 30 分钟后用清水擦拭干净。中央空调系统风机盘管正常使用时，定期对送风口、回风口进行消毒；中央空调新风系统正常使用时，若出现疫情，不要停止风机运行，应在人员撤离后，将排风支管封闭，运行一段时间后再关掉新风排风系统，同时进行消毒；带回风的全空气系统，应将回风完全封闭，保证系统全新风运行。

图 2-5　办公楼入口设消毒池

图 2-6　更衣室用紫外线灯消毒

保持办公区环境清洁，通风换气。保持室内空气流通，首选自然通风，尽可能打开门窗通风换气，建议每天通风 3 次，每次 20～30 分钟，也可采用机械排风，通风时注意保暖。如果使用空调，应保证空调系统供风安全，保证充足的新风输入，所有排风直接排到室外。多人办公时要佩戴口罩，工作中尽量减少接触或交谈，人与人之间保持 1 米以上距离；传递纸质文件前后均需洗手；公用座机电话每天用 75% 酒精擦拭 2 次，如果使用频繁可增加消毒次数；个人手机将外壳脱掉，每天用湿巾或清水棉球对手机及外壳全面清洁，必要时，可在清洁晾干后再用 75% 酒精棉球或棉片擦拭消毒；接待外来人员时双方佩戴口罩。保持勤洗手、多饮水，坚持在进食前、如厕后严格洗手。

三、食堂管理

1. 餐厅工作人员

餐厅工作人员每天必须开展岗前健康检查，测量体温并保留检测记录。作业中必须统一佩戴手套、防护镜和医用口罩，穿防护鞋；要求员工饭前以及便前便后必须洗手或用酒精棉球擦拭，并用流水冲洗。

2. 餐厅安全制度

落实食堂的安全卫生措施。禁止采购未经宰杀或未经检疫的活禽活鱼肉品，禁止提供生菜；加工环节严格生熟分开。

3. 员工用餐

员工用餐时鼓励分餐制、错峰用餐，餐具统一由服务人员配发，禁止自行取拿餐具，不要用自己的筷子和餐具从公碗（盘）里夹菜，饭菜统一由食堂工作人员分餐取菜；用餐时不聚集，保持适当距离，少说快吃。

4. 餐厅消毒

加强餐厅卫生清洁工作。每次用餐完毕后由餐厅人员对餐桌椅进行消毒，餐厅工作区域可由紫外线灯进行消毒；在洗手池放置消毒洗手液、肥皂、酒精棉球或消毒湿巾。

5. 餐具消毒

餐（饮）具去残渣、清洗后，煮沸或流通蒸汽消毒15分钟；或采用热力消毒柜等消毒；或采用有效氯含量为250毫克/升的溶液浸泡消毒30分钟，消毒后应将残留消毒剂冲净。

四、宿舍管理

桌椅等物体表面应每天做好清洁，定期消毒。防疫期间注重人员间隔离防护，不串门、不聚集，牧场员工尽量避免在宿舍间相互走动。对室内相关物体表面可选择75%酒精等消毒剂或消毒湿巾进行擦拭消毒，注意通风换气，建议每天通风2~3次，每次20~30分钟。保持衣服、被褥、座椅套等纺织物清洁，可用流通蒸汽或煮沸消毒30分钟；或先用500毫克/升的含氯消毒液浸泡30分钟，然后按常规清洗；或采用水溶性包装袋盛装后直接投入洗衣机中，同时进行洗涤消毒30分钟，并保持500毫克/升的有效氯含量；贵重衣物可选用环氧乙烷进行消毒处理。

五、生产区管理

1. 奶牛养殖场新冠病毒消毒剂的选择

奶牛养殖场使用的消毒剂和消毒方法基本上对灭活新冠病毒都有效，因为涉及带牛消毒和人员消毒，在消毒剂选择上就要效果和安全同

时兼顾，推荐消毒方案见表2-1。

表2-1 奶牛养殖场推荐消毒方案

消毒模式	消毒剂选择	注意事项
手部消毒	75%医用酒精，作用时间3分钟以上。也可以用含碘、氯和季铵盐的消毒剂配成合适浓度使用。禁用腐蚀性、刺激性过强的消毒剂	使用酒精手部消毒后建议使用护手霜。对酒精过敏者慎用
餐具消毒	新冠病毒对热敏感，60℃以上高温30分钟或者煮沸10分钟以上即可灭活。也可用含氯消毒剂	用消毒剂时先清洗再浸泡消毒
物品消毒	疫情期间进入牧场的外来物品，有条件的建议用紫外线消毒，或者含氯、季铵盐的消毒剂或过硫酸氢钾复合粉喷淋消毒	喷淋消毒要全面，不留死角
擦洗消毒	将含氯、季铵盐的消毒剂或过硫酸氢钾复合粉等配成合适浓度。消毒前应先去除污垢	严禁采用用酒精大面积擦洗消毒
喷雾消毒	将含氯、季铵盐的消毒剂或过硫酸氢钾复合粉等配成合适浓度，建议选择超声波气溶胶喷雾设备，可使消毒液成为气溶胶在空气中保留15分钟以上	严禁采用酒精喷雾消毒
地面消毒	用含氯、季铵盐的消毒剂或过硫酸氢钾复合粉等，也可用生石灰粉	用生石灰粉时，干燥地面应当先喷水，而且不能久置，及时更换

1）酒精消毒。主要用于手部和物品表面小面积消毒，但不可采用喷洒和喷雾方式。

2）喷雾消毒。因为涉及带牛消毒，建议选择低刺激性和安全性高的含氯消毒剂、季铵盐消毒剂等，如过硫酸氢钾、次氯酸钠、次氯酸钙、二氯异氰尿酸钠、三氯异氰尿酸钠、氯化磷酸三钠、二氯海因、季铵盐等，要严格按照使用说明书进行配制。无人员消毒时也可以选择过氧化氢。

3）擦洗消毒。选择含氯或季铵盐的消毒剂即可，要注意说明书中使用浓度的上限。在清洗器具时，操作人员要戴橡胶手套和口罩，注意尽量避免使用一些腐蚀性强的消毒剂。

4）场内地面消毒。建议用性价比高的生石灰。

2. 出入牧场、生产区的管理

1）进入生产区的工作人员（包括外来人员），必须佩戴帽子、一次性橡胶手套、口罩等防护用品，必要时佩戴防护眼镜。特别是兽医、育种、挤奶、清粪工作人员在进行助产、治疗、配种、挤奶、清粪等工作时，必须做好个人防护工作。

2）设置人员更衣室和消毒通道，安装紫外线消毒灯或臭氧机，工作时间消毒灯必须处于开启状态。配置手持或背式喷雾器，盛放75%酒精或新洁尔灭，用于每次进入人员的皮肤消毒。衣柜内部每天消毒1次。

3）每天上班前和下班后定时做体温检测。对体温高于37.3℃的人员，及时通知其自行居家隔离观察14天，密切关注有无咳嗽、呼吸困难等症状。14天后体温正常且无其他症状后，方可正常上班。

4）工作人员离开生产区时，应当先洗净胶鞋上的粪污，然后在生产区更衣室更换工作服、工作鞋。严禁将带有污渍的工作服、鞋、帽、手套等穿戴回生活区。工作服、鞋、帽应及时清洗，保证清洁卫生。员工更衣完成后双手必须用75%酒精等消毒。

3. 生产区消毒净化管理

1）配置车载式远程喷雾消毒设备，用于生产区牛舍地面、场区道路、运动场等环境消毒（图2-7）。推荐用2‰的"优力消"溶液。

2）配备背式喷雾器，用于产房、犊牛舍、病牛舍等重点区域的消毒（图2-8～图2-10）。推荐用4‰的"优力消"溶液。

图2-7 养殖区带牛喷雾消毒

图2-8 个体牛喷雾消毒

图 2-9　用背式喷雾器在产房作业

图 2-10　进入生产区对一切用品消毒

3）带牛消毒（是指牛舍有牛时，对牛舍的消毒）时，选用对牛的皮肤、黏膜刺激性小的消毒药品，如双硫酸氢钾、季铵盐类等；空圈消毒时，可选用消毒力较强的消毒药品，如 4‰ 的"优力消"消毒液。

4）为保证消毒效果，同一消毒区域，每月须变换 1 次消毒药品，并记录以备查。

5）消毒频次及要求。

① 消毒频次。生活区、办公区，保证每天进行 1 次地面及环境消毒。

a. 生产区常规消毒。厂区道路、污道每天消毒 1 次，净道每周消毒 1 次。牛舍地面，要求做到空圈清粪后每天消毒 1 次。

b. 生产区特别消毒。牛舍地面，保证每月 5 日、20 日空圈清粪后，使用强力消毒药"优力消"对地面进行全覆盖消毒。

c. 产房和病牛舍等重点区域消毒。由专人负责，配置背式喷雾器，使用强力消毒剂，保证每天进行 1 次地面彻底消毒。奶牛产犊时胎衣掉落区域、病牛治疗污染区域，应做到及时消毒。

场区大门口有消毒池的牧场必须每周更换消毒液，如果出入车辆较多，需要增加更换频次，必须保持消毒池内消毒液清洁透明（北方牧场 12 月至第二年 3 月可不放消毒液，但需要在消毒池内撒生石灰）。

② 消毒要求。工作人员在消毒操作中，应佩戴橡胶手套、口罩、眼镜等防护装备，以防止消毒液喷溅对人体皮肤、黏膜造成损伤。

消毒地点责成专人管理，全部实行消毒登记制度。要求硬化地面每平方米喷洒 100 毫升消毒液，其他地面每平方米喷洒 300 毫升消毒液（以地面全湿作为标准）。

六、人员管理

1. 本场员工管理

（1）未离本市的员工　牧场在此特殊时期原则上采取封场式管理。对于未离本市的牧场员工可正常参加牧场生产工作，进入牧场前必须接受门卫红外测量体温，并由门卫负责记录体温，体温超过 37.3℃禁止入场，并报告牧场相关管理人员。

牧场员工在保证牧场正常生产的同时，务必做好新冠疫情期间的自身防护，配合牧场做好身体状况排查工作，戴口罩、勤洗手、不聚集。

1）正确保护自己。

a. 勤洗手。使用肥皂或洗手液并用流动水洗手，用一次性纸巾或干净毛巾擦手；双手接触呼吸道分泌物（如打喷嚏）后应立即洗手。

b. 保持良好的呼吸道卫生习惯。咳嗽或打喷嚏时，用纸巾、毛巾等遮住口鼻，咳嗽或打喷嚏后洗手，避免用手触摸眼睛、鼻或口。

c. 增强体质和免疫力。均衡饮食、适量运动、作息规律，避免产生过度疲劳。

d. 保持环境清洁和通风。每天开窗通风次数不少于 3 次，每次 20～30 分钟。户外空气质量较差时，通风换气频次和时间应适当减少。

如果出现呼吸道感染症状如咳嗽、流涕、发热等，应居家隔离休息，持续发热不退或症状加重时及早就医。

2）正确选择口罩，见图 2-11。

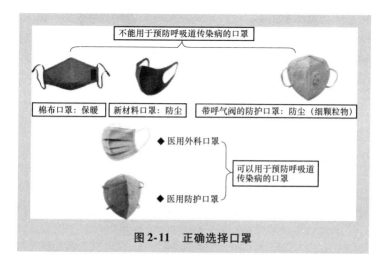

图 2-11　正确选择口罩

　　a. 一般人群。普通民众、公共交通司乘人员、出租车司机、环卫工人、公共场所服务人员等在岗期间建议佩戴医用外科口罩，有条件且身体状况允许的情况下，可佩戴医用防护口罩。

　　b. 特殊人群。可能接触疑似或确诊病例的高危人群，原则上建议佩戴医用防护口罩（N95 及以上）和护目镜。某些心肺系统疾病患者，佩戴前应向专业医师咨询，并在其指导下选择合适的口罩。

　　3）正确佩戴医用外科口罩，见图 2-12。建议 2～4 小时更换 1 次，若口罩变湿或沾到分泌物也要及时更换。

　　4）公共场合正确佩戴口罩，见图 2-13。

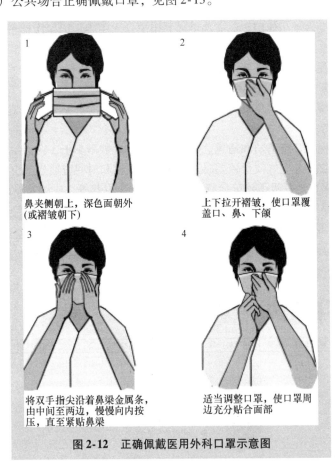

1　鼻夹侧朝上，深色面朝外（或褶皱朝下）

2　上下拉开褶皱，使口罩覆盖口、鼻、下颌

3　将双手指尖沿着鼻梁金属条，由中间至两边，慢慢向内按压，直至紧贴鼻梁

4　适当调整口罩，使口罩周边充分贴合面部

图 2-12　正确佩戴医用外科口罩示意图

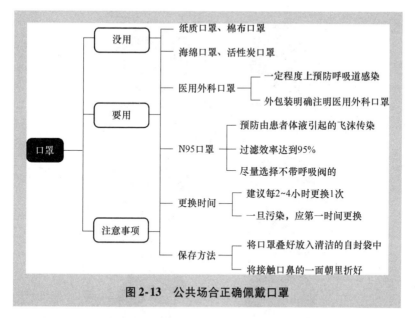

图 2-13 公共场合正确佩戴口罩

5）勤洗手。

① 出现以下情况要洗手。

a. 传递文件前后。

b. 咳嗽或打喷嚏后。

c. 制备食品之前、期间和之后。

d. 吃饭前。

e. 上厕所后。

f. 接触公共场所的公共物品后。

g. 接触他人后。

h. 接触动物后。

i. 外出回来后。

j. 不确定手部是否清洁时。

② 洗手的正确步骤如图 2-14 所示。

（2）外市返场员工 为保障牧场安全生产，做到早发现、早报告，防止疫情扩散，返场复工员工入场时要登记造册，详细记录员工返程具体路径、出行方式、接触人员并测量体温，入场后严格执行 14 天隔离观察，观察期间不得外出，由牧场提供生活用品、三餐保障、监测体温等

1
首先在流水下淋湿双手

2
然后取适量洗手液（肥皂），均匀涂抹至整个手掌、手背、手指和指缝

3 认真搓双手至少15秒，具体操作如下：

a. 掌心相对，手指并拢，互相揉搓

b. 手心对手背沿指缝互相揉搓，交换进行

c. 掌心相对，双手交叉沿指缝互相揉搓

d. 弯曲手指使指关节在另一手掌心旋转揉搓，交换进行

e. 右手握住左手大拇指旋转揉搓，交换进行

f. 将五个手指尖并拢放在另一手掌心旋转揉搓，交换进行，

4
在流水下彻底冲净双手

5
擦干双手，取适量护手液护肤

图 2-14 正确洗手示意图

服务，每天至少进行 2 次体温测定，谢绝探访，切实做好隔离人员管控，若出现可疑症状（如发热、咳嗽、咽痛、胸闷、呼吸困难、乏力、恶心呕吐、腹泻、结膜炎、肌肉酸痛等），应立即根据病情就医，14 天隔离期过后无症状再安排生产工作。

（3）排查与确诊病例交集 根据公开发布的确诊病例活动轨迹，牧场员工主动摸排自身及共同生活家属是否与其存在交集，每天要向牧场负责人汇报，落实零汇报制度，一旦确定自己及共同生活家属与确诊病例在同时间同空间有交集后，应当做好以下工作。

① 拨打确诊病例区疾控中心或区防控指挥部电话登记备案，接受专业人员的流行病学调查，指导防控，同时立即向所属社区居委会或村委会报告。

② 自动居家隔离观察 14 天，不要外出走动，隔离日期自交集日的次日算起。实行每天早晚 2 次体温测试并做记录。

③ 居家隔离期间如有发热、乏力、干咳等症状，请立即拨打确诊病例区疾控中心或区防控指挥部电话，听从专业人员安排，等待专用车辆接诊到区指定医院发热门诊就诊。严禁私自到其他医疗机构就诊，严禁私自乘坐公共交通工具。

④ 填写"与确诊病例交集人员信息统计表"，上报市农业委应急管理处，并坚持每天动态更新上报。

在防疫期停止前，牧场人员可以考虑进行轮岗作业，暂时取消或控制人数参加集体活动及大型会议，减少人员集中；尽量减少或停止因公出行、聚会等。若需要，须向各级管理层报告并取得同意。不信谣、不传谣，严禁利用社交媒体传播不实信息制造恐慌情绪。对不作为、慢作为、乱作为的，对瞒报、漏报疫情的，要及时追责问责，释放狠抓落实、不容松懈的强烈信号。

2. 外来人员

原则上谢绝外来人员进入场区。遇特殊情况，外来人员、访客进入牧场前必须在门岗登记，具体内容可参照本章第二节中的相关介绍。

七、垃圾处理

防疫期间，摘口罩前后做好手部卫生清洁，废弃口罩放入指定垃圾桶内，每天使用 75% 酒精或含氯消毒剂对垃圾桶进行消毒处理 2 次。加强垃圾分类管理，及时收集并清运。加强垃圾桶等垃圾盛装容器的清洁，

可定期对其进行消毒处理。可用含有效氯 250～500 毫克/升的含氯消毒剂进行喷洒或擦拭，也可采用消毒湿巾进行擦拭。

八、设立应急区域

建议在公共场所设立应急区域，当出现疑似或确诊病例时，及时到该区域进行暂时隔离，再按照其他相关规范要求进行处理。

九、员工交通管理

1. 因公出行

牧场内员工尽量不出场，派遣专人购买蔬菜、口罩等日常生活用品，保证员工正常生活的同时避免与外人接触；如必须外出，尽量不乘坐公共交通工具，建议步行、骑行或乘坐私家车，如必须乘坐公共交通工具，务必全程佩戴医用外科口罩或 N95 口罩，途中尽量避免用手触摸公共场所的公用物品和部位；从公共场所返回、咳嗽手捂之后、饭前便后，都要用洗手液或肥皂在流水下洗手，或者使用含酒精成分的免洗洗手液；不确定手是否清洁时，避免用手接触口、鼻、眼；打喷嚏或咳嗽时，用手肘衣服遮住口、鼻。多人乘坐私家车出行要及时通风换气，冬天开窗通风时，需注意车内外温差大而引起感冒；外出归场后要对车辆进行消毒操作。

2. 员工通勤

牧场员工乘坐通勤车、公共交通工具上下班时必须佩戴防护口罩，下车后应及时使用洗手液洗手，通勤车使用后必须立即消毒、更换椅垫套，安排专人管理检查。

如果牧场员工开乘私家车通勤，应及时通风换气且注意保暖，尽量做到家与牧场两点一线，下车后及时洗手，定期对车辆进行消毒。

第三章
奶牛疾病的防治

第一节　奶牛的保健管理

对奶牛疾病的防控要坚持"预防为主、综合防治"的方针，奶牛日常健康管理要达到"未病先防，既病防变，瘥后防复"的效果。因此，奶牛场首先要制定牛群的保健目标，也就是奶牛健康状况所要达到的标准。由于外界环境条件（气候、地理）、饲料安排、饲养水平等不同，各场的牛群管理方法和牛群保健计划也不完全一致。对于一个饲养技术好、管理水平高的奶牛场来说，疾病控制目标是：①全年总淘汰率在25%以下；②全年死亡率在3%以下；③乳腺炎治疗数不应超过产奶牛数的1%；④8周龄以内犊牛死亡率低于5%；⑤成牛死亡率、淘汰率低于3%；⑥全年怀孕母牛流产率不超过8%。

一、奶牛疫苗免疫计划

科学制定和实施奶牛免疫、检疫方案，防控奶牛场重大传染性疫病的发生。

1. 牛传染性鼻气管炎疫苗

犊牛于4~6月龄接种；空怀青年母牛在第一次配种前40~60天接种；妊娠母牛在分娩后30天接种。接种过该疫苗的牛场，对4月龄以下的犊牛，不能接种任何其他疫苗。

2. 牛病毒性腹泻疫苗

（1）牛病毒性腹泻灭活苗　任何时候都可以使用，妊娠母牛也可使用。第一次注射后14天再注射1次。

（2）牛病毒性腹泻弱毒苗　犊牛于1~6月龄接种，空怀青年母牛在第一次配种前40~60天接种，妊娠母牛分娩后30天接种。

3. 牛副流感Ⅲ型疫苗

犊牛于6~8月龄时注射1次。

4. 牛布鲁氏菌菌苗

（1）牛布鲁氏菌 19 号菌苗　母犊牛于 5～6 月龄接种。

（2）牛布鲁氏菌 45/20 佐剂菌苗　不论年龄、怀孕与否皆可注射，第一次注射后 6～12 周再注射 1 次。

5. 口蹄疫疫苗

90 日龄奶牛进行初免，免疫剂量是成年牛的 1/2。因为目前的口蹄疫疫苗只能诱发短期免疫，所以在初免后，间隔 1 个月的时间再进行 1 次强化免疫；从第二次强化免疫以后，每隔 4～6 个月的时间免疫 1 次。成年奶牛，可以在每年春、秋两季各免疫 1 次，或者每隔 4～6 个月免疫 1 次。

【提示】

> 已发现的口蹄疫病毒有 A、O、C、SAT1、SAT2、SAT3 和 Asia1 共 7 个血清型。各型的抗原不同，不能相互免疫。我国奶牛出现的是 O 型、Asia1 和 A 型，建议注射三价灭活苗。每次免疫完成之后，为了了解免疫是否成功，必须在免疫后 21 天随机收集 25 头免疫牛群血样，进行抗体滴度检测。如果口蹄疫抗体滴度 99% 的保护率达到 90%，说明免疫成功；如果低于 90%，说明存在问题，需要重新免疫。

二、奶牛的蹄浴与修蹄

1. 蹄浴时间

建议每周蹄浴 2 次，每次保证当天每个挤奶班次都进行蹄浴，特殊情况下增加蹄浴次数。

在回牛通道摆放蹄浴池，使其覆盖整个通道。蹄浴池棱角、四边不得对奶牛产生伤害，大小以保证奶牛可以在其中行走两步即可。蹄浴池不使用时必须从回牛通道清出，不得影响奶牛行走。浴蹄池液面高 8～10 厘米。

【提示】

> 蹄浴液采用 5% 福尔马林溶液或 5% 硫酸铜溶液。每 500 头奶牛使用后更换 1 次新的蹄浴液，确保蹄浴效果。

2. 修蹄

头胎牛保证干奶时每头奶牛进行 1 次定期修蹄，二胎以上的牛保证

2次定期修蹄（挤奶中期1次，干奶时1次），由专业修蹄队和各牧场兽医部共同承担。兽医员在巡圈时，对发现牧场内的蹄病牛、瘸牛进行修蹄。不定期的修蹄由牧场兽医员完成。瘸牛必须上修蹄台检查治疗，不得在不安全的状态下操纵奶牛。

3. 蹄病保健的其他要求

奶牛通行的地面禁止使用裸钢板推铲推粪，以保证不被损坏。对损坏的地面应及时进行修理或铺设橡胶垫。牧场必须制作橡胶推粪铲。

冬季牛舍饮水区域和通道必须及时采取清除冻冰工作。凡是奶牛经过时会对奶牛产生危害的区域（塌陷的地漏、墙上突出的尖利物品、损坏的门及卧床等）必须及时清除，杜绝隐患。

三、奶牛的驱虫

每年春、秋两季进行全群驱虫，对于饲养环境较差的养殖场，每年在5~6月增加驱虫1次。各场可根据当地寄生虫感染程度和流行特点来制定最佳驱虫程序，并按程序长期防治；药物推荐使用乙酰氨基阿维菌素。

犊牛在断奶前后必须进行保护性驱虫，防止断奶后产生营养应激，诱导寄生虫的侵害。

种公牛每年必须保持4次驱虫，以保证优良的健康状况。

母牛要在进入围产前进行驱虫，以保证母牛和犊牛免受寄生虫的侵害。

育成奶牛在配种前应当驱虫，以提高受胎率。新进奶牛进场后必须驱虫并隔离15天后合群。转场或转舍前必须对奶牛进行驱虫，以减少对新舍的污染。

四、成母牛产后保健

1. 新产牛保健

1）对新产牛进行疼痛管理。对于助产牛，产后2小时内颈部肌内注射氟尼辛葡甲胺（普佳安）溶液25毫升；对于非助产牛，产后24小时肌内注射普佳安溶液25毫升。

2）新产母牛产后2小时内灌服瑞普大地产后灌服包"111方案"，即大地产康250克×1袋+反刍力丁琳250克×1袋+大地产宝300克×1袋，混合30升温水，一次性灌服，同时剪掉尾毛。

3）对经产牛在产后24小时后第二次灌服小包料，连续3天灌服大地产宝300克×1袋。

2. 成母牛疾病防控

成母牛疾病防控处理措施，见表3-1。

表3-1 成母牛疾病防控处理措施

疾病种类	标记	症 状	处 方	备 注
胎衣不下	RP	产后24小时胎衣滞留在体内	异母生化合剂1瓶灌服	48小时后胎衣不下，转兽医院
子宫炎	MET（M）	体温高于39.5℃；子宫复旧异常，分泌物有异味	肌内注射普佳安溶液25毫升，灌服异母生化合剂500毫升	大群处理3天，如有好转，继续处理1个疗程
真胃移位	LDA/RDA	RDA在右侧肩端水平线上第9~11肋骨之间叩诊，有明显的钢管音；LDA在左侧肩端水平线的第9~11肋骨之间叩诊，与听诊有明显的钢管音	发现后及时转入兽医院，手术后牛精神状态正常、伤口无感染，肌内注射阿莫西林，伤口用碘酊消毒，每天1次，连用2天	
酮病	KET（K）	血酮检测阳性	第一天静脉注射50%葡萄糖溶液500毫升；灌服大地产宝1袋，1次/天，连用3天，第四天后复查	
产后瘫痪	MF	牛站立不稳，更多的是出现倒地不起现象，体温逐渐降低，耳根冰凉，肌肉颤抖，瘤胃蠕动停止，反刍停止，牛伏卧，颈、胸、腰呈S形，最后呈昏迷状态，对外界刺激反应降低或无反应	静脉注射：10%葡萄糖酸钙溶液1000毫升；灌服大地产宝1袋	补钙后0.5小时内没有站立的立即转入病牛院
产道拉伤	CI	阴门损伤，阴道损伤撕裂及子宫颈损伤	肌内注射普佳安溶液25毫升	根据损伤程度，局部清创、消毒、涂抹碘甘油3天后复查
其他		包括蹄病、外伤、消化不良等，及时转出新产牛舍进行对症治疗		

第二节　奶牛疾病防治

一、乳腺炎

乳腺炎是奶牛乳腺发生的一种炎症，是奶牛业危害最大、最常见的疾病之一。

【病因】　病原微生物感染是引起奶牛乳腺炎的主要原因，其他如不规范地进行饲养管理、挤奶操作，以及恶劣环境、外伤等是次要原因。

【主要症状】

（1）隐性乳腺炎　主要是一些条件病原菌与宿主（奶牛）保持着一种平衡，未引起临床症状；肉眼观察乳房、乳汁无异常，但乳汁在生化及细菌学上已发生变化。

（2）临床型乳腺炎　肉眼可见乳房、乳汁发生异常。根据其变化与全身反应程度不同，可分为以下几种。

1）轻症。乳汁稀薄、呈灰白色，最初几把奶常有絮状物。乳房肿胀，疼痛不明显，产奶量变化不大；食欲、体温正常。停奶时，可见乳汁呈黄白色、黏稠状。

2）重症。患区乳房肿胀、发红、质硬、疼痛明显，乳汁呈浅黄色，产奶量下降，仅为正常的 $1/2 \sim 1/3$，有的仅有几把奶，体温升高，食欲废绝。乳上淋巴结肿大（如核桃大），健康区乳房产奶量也显著下降。

3）恶性。发病急，病牛无奶，患区和整个乳房肿胀，坚硬如石。皮肤发紫、龟裂，疼痛极明显，患区仅能挤出 $1 \sim 2$ 把黄水或血水。病牛不愿行走，食欲废绝，体温高达 $41.5℃$ 以上，呈稽留热型，持续数日不退，心跳加快（$100 \sim 150$ 次/分），泌乳停止，患病初期粪干，后呈黑绿色粪汤，消瘦明显。

【诊断方法】　可根据乳汁的颜色、性质的变化及全身反应确诊。隐性乳腺炎可根据隐性乳腺炎诊断液测试而确诊。

【预防措施】

1）维生素 E 和硒，可促进奶牛不受病源菌感染，有效降低乳腺炎发生率。于干奶期肌内注射 2 次（产前 30 天、20 天）亚硒酸钠维生素E注射液，可有效降低乳腺炎发生率和胎衣不下发生率。

2）"奶牛专用金维他"具有提高机体免疫力的作用，按 30 克/天投

喂，隔周重复 1 次，可大幅降低隐性和临床型乳腺炎发生率。

3）保持地面清洁、干燥，及时更换新鲜垫草。

4）挤奶后药浴乳头。

5）定期对隐性乳腺炎进行检测，控制传染源。

【治疗方法】 消灭病原微生物，控制炎症发展，改善牛的全身状况，防止败血。

（1）隐形乳腺炎 将阳性牛隔离到单独的一个圈舍治疗，对大群 CMT 检测"＋"以上阳性牛 TMR 投喂"公英散"250 克，连用 3 天，"银霍散"150 克连用 7～10 天，进行治疗，可取得良好治疗效果。

（2）临床型乳腺炎

1）青霉素 640 万单位、链霉素 400 万单位，肌内注射，每天 2 次；病乳区乳头内注入青霉素 160 万单位、链霉素 100 万单位。

2）采用"公英散"每天 1 次，每次 1 袋（250 克），配合病乳区输入"妙立美"，连用 3～5 天。

3）四环素 600 万单位、糖盐水 2000 毫升、氢化可的松 300 毫克或氟美松（地塞米松）50 毫克静脉注射；病乳区用青、链霉素注入。

二、子宫内膜炎

子宫内膜炎是子宫黏膜受损引发的炎症，可分为卡他性、脓性及血脓性子宫内膜炎，根据病程长短又分为急性和慢性子宫内膜炎。

【病因】

1）助产不当，产道受损；产后子宫迟缓、恶露蓄积；胎衣不下，子宫脱出、阴道和子宫颈炎症等处理不当，治疗不及时，消毒不严而使子宫受细菌感染，引起内膜炎。

2）配种时不严格执行操作规程，不坚持做好输精器、牛外阴部、人的手臂及输精器等消毒处理。

3）继发性感染，如布鲁氏菌病、结核病等。

【主要症状】

（1）卡他性子宫内膜炎 常见于产后 25 天以内的奶牛，脓性、血脓性子宫内膜炎治疗后未完全消除炎性物质的奶牛和被发情配种器具感染的奶牛。重要特征是发情排出的黏液浑浊、黏性差，常伴有气泡，直检感觉不明显。

（2）脓性子宫内膜炎 常见于难产时助产对子宫造成损伤或感染的

奶牛、产后子宫脱出的奶牛、产后未进行净化及卡他性炎症未及时治疗的奶牛，偶尔表现有一定的全身症状，主要特征是从阴户排出大量乳白色或黄褐色带恶臭呈粥样的浓液，直检子宫体积增大，弹性减弱，宫壁厚薄不均，压迫有疼感，常伴有卵巢囊肿。

（3）血脓性子宫内膜炎　常见于生产时子宫有损伤的奶牛、胎衣不下进行手术剥离时对子宫造成损伤的奶牛。主要特征是从阴户排出的黏液有一定数量的脓汁，脓汁有时呈颗粒状或线状物，带有血丝，体温升高。直检子宫弹性微弱，压迫到损伤部位时，病牛站立不安，有疼痛感。

【诊断方法】　可根据临床症状及直检予以确诊。

【预防措施】

1）轻易不助产，需助产时最好在兽医指导下进行，尽量减少产道损伤；助产时进行严格消毒，减少感染。

2）胎衣不下时，尽量不用手术剥离法，采用药物下衣法，减少损伤和感染发生率。

3）输精时严格对输精器、阴户和手臂进行消毒，尽量采用一次性手套和一次性输精枪护套，以减少感染机会。

【治疗方法】

1）樟脑1克、氯霉素原粉1.5克、呋喃唑酮2克、植物油40毫升，制成混悬剂，一次输入子宫。

2）土霉素2克或四环素粉2克，与金霉素1克加入100毫升生理盐水中，输入子宫，隔天1次，直至分泌物清亮为止。

3）"致洁"100毫升，一次输入子宫，每隔5天1次，连用3次。

4）"异母生化合剂"500毫升，每天1次，4天为1个疗程。

三、流产

流产是指由于胎儿或母体的生理过程发生扰乱，或两者之间的正常关系受到破坏而导致的妊娠中断。

【病因】

（1）传染性流产　这一类是由于细菌或病毒的感染而引起的症状，特别是在病菌传播力较强的情况下。在牛的传染性流产中牛胎毛滴虫病和布鲁氏菌病最具代表性。另外，牛传染性鼻气管炎病毒在育成牛牧场等地，能使育成牛发生呼吸器官疾病，往往也能引起流产。

（2）非传染性流产　非传染性流产的病因复杂，即使同一病因，在不同品种牛或不同个体上表现也不一样，大致包括遗传、饲养管理不善、内分泌失调、创伤、母体疾病等因素。遗传因素涉及染色体畸变和基因突变造成的胚胎或胎儿缺陷，牛胚胎损失有 1/3～2/3 是遗传因素所致。由于饲养管理不善而引起的流产是最大的原因，如妊娠牛腹部的压迫、殴打、摔倒、顶伤等引起的胎盘脱离。由于气候突变，冷热的侵袭及受到惊吓和兴奋后反射引起子宫的收缩等均可导致流产。在大量食入发酵、发霉、冻结的饲料时引起的膨胀症和下痢，都易诱发流产。

【主要症状】

1）妊娠奶牛发生流产时，主要表现出腹痛不安、弓腰、呈排尿姿势，且有大量的黏液、污秽不洁的分泌物或者血液从阴道中流出。

2）隐性流产，指胚胎在子宫内被吸收，通常是在妊娠初期的胚胎发育阶段容易发生，即胚胎死亡后，子宫内的酶会促使胚胎组织发生分解、液化，使其被机体吸收，或者在下次出现发情时随着黏液被排到体外。奶牛发生隐性流产时不会表现出明显的临床症状，主要特征是配种后经过诊断确定发生妊娠，但经过一段时间再次发情，且有较多数量的分泌物从阴道中流出。

3）早产，即奶牛表现出类似于正常分娩的征兆及过程，但产出不足月的活胎儿。早产时所表现出的产前征兆没有正常分娩征兆那样明显，通常在发生流产前的 3～4 天，只会表现出类分娩征兆，如阴唇发生轻微肿胀，乳房会突然胀大，可从乳房内挤出清亮液体等。

【诊断方法】 根据临床症状可初步诊断，隐性流产可通过 B 超或者直肠检查确定。

【预防措施】

1）加强饲养管理，减少创伤和母体的发烧、疼痛、炎症感染等原发病。

2）做好疫病监测，加强对布鲁氏菌病、牛病毒性腹泻、传染性鼻气管炎、钩端螺旋体等疫病病原体的监测，对已检测出来的病牛，做隔离处理，并及时注射疫苗预防。

【治疗方法】 主要为安胎，可使用抑制子宫收缩的药物，维持子宫内环境的相对稳定，保护子宫结构的完整性，减少子宫内膜损伤与组织细胞的变性坏死，促进子宫腺体的发育，发挥其保胎、安胎及抗流产的效果。

1）肌内注射孕酮 50～100 毫克/头，每天或隔天 1 次，连用数次。

2）有体温升高、胎动不安等症状的先兆性、习惯性流产的母牛，灌服"保胎无忧散"250 克/（头·次），2 次/天，连用 5 天。大群保健 2～9 个月胎龄，采用拌料 150 克/（头·天），每月连用 7～10 天，可明显减少流产、早产率、死胎率。

3）根据临床症状，对症治疗，如采用退烧、止疼、消炎等治疗方法。

四、脐带炎

奶牛脐带炎是由于细菌感染而引起脐带断端的化脓性、坏疽性炎症，为犊牛常发病。正常情况下，犊牛脐带在出生后 7～14 天干枯、脱落，脐孔由结缔组织形成瘢痕和上皮而封闭。

牛的脐血管与脐孔周围组织联系不紧，当脐带断后，血管极易回缩而被羊膜包住，然而脐带断端为细菌微生物发育的良好环境，常造成脐带发炎、化脓和坏疽。

【病因】

1）助产后脐带不消毒或消毒不严；或犊牛相互吸吮，使脐带感染细菌而发炎。

2）饲养管理不当，外界环境不良，如运动场潮湿、泥泞，褥草不及时更换，卫生条件较差，致使脐带感染。

【主要症状】 脐带炎发生的初期常不被注意，仅见犊牛消化不良、下痢。随病程的延长，病犊精神沉郁，体温升高至 40～41℃，常不愿行走；脐带和脐带周围组织肿胀，触诊肿胀部，质地坚硬，病犊有疼痛反应；脐带断端湿润，呈污红色，用手压可挤出污秽浓汁，具有恶臭味，也有因断端封闭而挤不出脓汁，但见脐孔周围形成脓肿；病犊常消化不良、拉稀或腹部臌胀、弓腰、瘦弱、发育受阻。

【预防措施】

1）做好脐带的处理和严格消毒工作。应在离腹部 8～10 厘米剪断脐带，用 10% 碘酊将断端浸泡 1 分钟，隔天重复 1 次。

2）保持良好卫生环境，运动场应干燥并经过消毒，褥草应及时更换。

【治疗方法】 消除炎症，防止炎症蔓延和机体中毒。

1）局部治疗。发病初期可用 1%～2% 高锰酸钾液清洗脐部，并用 10% 碘酊涂擦。患部周围肿胀，可用青霉素 160 万单位分点注射。

可用外科手术清除坏死组织，并涂以碘仿醚（碘仿 1 份、乙醚 10

份），也可用硝酸银、硫酸铜或高锰酸钾粉腐蚀。若腹部脓肿，可切开后排出脓汁，再用3%过氧化氢溶液冲洗，内撒布碘仿或磺胺粉。

2）全身治疗。可用磺胺类抗生素治疗，也可用青霉素160万~320万单位，一次肌内注射，每天2次，连用3~5天。若伴有消化不良，可内服磺胺咪、小苏打各6克，酵母片或健胃片5~10片，每天2次，连服3天。

五、胎衣不下

胎衣不下是指母牛产出胎犊10小时后，胎衣还不能脱落，滞留在子宫内的病症。

【病因】

1）日粮单一，品质差，造成母牛矿物质、维生素缺乏。

2）子宫收缩乏力，弛缓。

3）由子宫炎症如子宫炎、布鲁氏菌病而引起的胎盘粘连。

【主要症状】 根据胎衣在子宫内滞留量的多少，可分为全部胎衣不下和部分胎衣不下。

（1）全部胎衣不下 指整个胎衣停留于子宫内。这多由于子宫堕垂于腹腔或脐带断端过短所致，故外观仅有少量胎膜悬垂于阴门外，或看不见胎衣，一般整体无任何表现，仅见一些头胎母牛有举尾、弓腰、不安和轻微努责的症状。

（2）部分胎衣不下 指部分胎衣垂附于宫门外，部分粘连。垂附于宫门外的胎衣，初为粉红色，后由于受外界的污染，粘有粪末、草屑、泥土等，颜色发黑。夏季易发生腐败，颜色呈熟肉样，有腐臭味。子宫颈开张，阴道内有褐色稀薄、发黏而腐臭的分泌物。

【诊断方法】 从临床症状，即胎衣不下予以确诊。少数牛有吃胎衣的现象，应注意观察。

【治疗方法】 通常胎衣不下对奶牛全身影响不大，食欲、精神、体温都正常。少数牛由于产后体质差、抵抗力下降、恶露潴留、胎衣腐败后细菌生长产生的毒素被牛体吸收，造成体温升高、精神沉郁、食欲下降或废绝。

（1）全身用药

1）静脉注射20%葡萄糖酸钙、25%葡萄糖溶液各500毫升，每天1次。

2）注射垂体后叶素或缩宫素 80~100 单位或麦角新碱 15~20 毫升。注射前 2 小时先注射雌激素致敏较好。

3）于产后 2 小时内肌内注射催产素 20 单位，以后每隔 2~3 小时重复注射催产素 20 单位，至胎衣排出或产后 10 小时为止。

4）灌服"异母生化合剂"500 毫升，每天 1 次，连用 3 天。

（2）局部用药

1）"致洁"100 毫升、生理盐水 500 毫升，溶解后一次输入子宫，每天用药 1 次至胎衣排出为止。

2）将碘片 5 克、碘化钾 10 克溶于 1000 毫升蒸馏水中制成碘溶液，每次取 300~500 毫升投灌到子宫与胎膜的间隙中，一般 1 次即可，特殊病例隔天重复 1 次，此法效果佳，可作为临床首选。

3）手术剥离。此法使用较多，但施术者就算操作很娴熟也难免对子宫黏膜造成或多或少的损伤，故建议采用药物下衣法。

六、酒精阳性乳

酒精阳性乳是指用 68% 酒精若干与等量新鲜奶均匀混合后产生絮状沉淀或颗粒状沉淀的奶，其色泽、气味与正常奶没有差别，营养成分与正常乳也没有明显差别。但在加热 130℃ 后凝结，无法通过板式换热器，给乳制品生产带来不利影响，同时不易保存，故被认为不合格而拒收。

【病因】 影响因素较多，尚不明确。日粮不平衡和气候炎热是主要诱发因素。

【主要症状】 奶牛一切正常，无临床症状。

【治疗方法】 调节机体全身代谢，解毒保肝，改善乳腺机能。

1）柠檬酸钠 150 克，分 2 次内服，连服 7 天。

2）10% 柠檬酸钠溶液 300 毫升，分 2~3 次，皮下注射。

3）"大地产宝"150 克，一次内服，每天 1 次，连服 7~10 天。

4）调节乳腺毛细血管通透性，可肌内注射维生素 C。

【预防措施】 主要从日粮平衡着手，保持日粮精粗比、蛋能比、钙磷比正常，使奶牛酪蛋白结构稳定，可大大减少酒精阳性乳发生率。

1）精饲料中按 1.5% 的量掺入碳酸氢钠。

2）精饲料中按 0.5% 的量添加赖氨酸。

以上两种方法，可有效降低酒精阳性乳发生率。

七、牛螨病（疥癣）

【病原】 本病病原为疥螨科或痒螨科的螨。疥螨和痒螨的全部发育过程均在牛体上度过，包括卵、幼螨、若螨和成螨 4 个阶段。疥螨在牛表皮穿孔凿道，在隧道内产卵，不久孵出幼螨，经蜕变成为若螨，在 7 ~ 12 天内经数次蜕皮变为成螨，整个发育期为 2 ~ 3 周。痒螨在牛皮肤表面，卵经 2 ~ 3 天孵出幼螨，5 ~ 6 天变为若螨、成螨，整个发育期为 9 ~ 10 天，最多 12 天。

【流行特点】 在秋冬和春初季节容易发病，尤其在阴暗、拥挤的牛舍。犊牛最易感染。春末和夏季，螨虫减少或病牛趋于痊愈。

【主要症状】 常发于头部、颈部、尾根等毛较短的部位，严重时可遍及全身；患部发生不规则丘疹样，或伴以灰白色或铅灰色落屑，脱毛，皮肤逐渐变成皮革样，且剧痒，皮肤结痂，消瘦。

【诊断方法】 实验室检查，在患部与健康部交界处刮取皮屑，装入试管内，加 10% 氢氧化钾（或氢氧化钠）溶液煮沸，待毛、痂皮等固形物大部分溶解后，静置 20 分钟，吸取沉渣，滴到载玻片上镜检，若发现虫体，即可确诊。

【预防措施】

1）定期进行牛群检疫，将病牛隔离。

2）保持牛舍干燥、通风。对污染的牛舍用 20% 石灰乳做杀虫处理。用漂白粉或来苏儿定期消毒各种用具。

【治疗方法】

1）用 0.5% ~ 1% 敌百虫溶液喷洒患部，隔天 1 次，连续 2 ~ 3 次。

2）用 1%"伊力美"皮下注射。

3）用"螨净"溶液涂擦患部，每天 2 次，连用 3 ~ 5 天。

八、食道阻塞

食道阻塞又叫草噎，是食团或异物阻塞于食道，导致吞咽发生障碍的疾病。临床特征是突然下咽困难。

【病因】 原发性食道阻塞主要为饥饿时吞食太快，食团或块根、块茎类饲料未充分咀嚼而大块吞咽所致。继发性食道阻塞常由食道麻痹、食道痉挛、食道狭窄引起。

【主要症状】 病牛突然停止采食、烦躁不安、头颈伸直，口流大量泡沫，也可从鼻孔流出，常继发瘤胃臌气、急性酸中毒。

【诊断方法】 阻塞部位若在颈部,可在左侧食道沟处摸到硬块。通过胃管探诊,可以确认本病并能确定阻塞部位。

【治疗方法】 迅速去除阻塞物,疏通食道,解除瘤胃臌气,进行综合治疗。

(1) 解除瘤胃臌气 在左肷部臌胀最明显处做瘤胃穿刺,先剪毛,涂 5% 碘酊消毒后,用 16 号注射针头穿刺放气,放气速度不宜太快。放气后用 0.25% 普鲁卡因溶液 50 ~ 100 毫升稀释青霉素 160 万单位或松节油 40 ~ 60 毫升从穿刺部位注入瘤胃。

(2) 除去阻塞物 这是治疗食道阻塞的关键。若于颈上部阻塞,多采用肌内注射 2% 静松灵溶液 1 ~ 2 毫升或胃管投入 1% 普鲁卡因溶液 100 毫升,促使食道扩张并有镇痛作用,然后装上开口器,用手将阻塞物挤压到咽部,术者用毛巾将手臂包住,经口腔用手指取出;若在胸部食道阻塞,要用粗胃管送至瘤胃。对非块根类阻塞,镇痛麻醉后,采用打水法或冲洗法去除阻塞物。打水法是将胃管一头插入食道,另一头接上灌肠器,连续往食道内打水,一般一次即通。如果未通,可休息一会儿再重复。冲洗法是将胃管一头插入食道,一头接漏斗,将水灌满后去掉漏斗,换上橡皮球反复用力和有节奏地捏压橡皮球,并逐渐放低胃管,将阻塞物洗入胃管,或随水流出,反复多次可消除阻塞。保守疗法无效时,可采用手术方法取出阻塞物。

(3) 综合治疗 阻塞物解除后,要消炎、强心、利尿、补液,解除酸中毒,进行综合治疗。

九、瘤胃酸中毒

瘤胃酸中毒是反刍动物采食过多易发酵的碳水化合物类饲料,在瘤胃内产生大量乳酸而导致以前胃机能障碍为主症的一种疾病。临床特征是发病急、病程短、全身症状重剧,死亡率高。

【病因】 采食大量易发酵的碳水化合物饲料,尤其是加工粉碎的谷物;长期过量饲喂酸度过高的青贮玉米或质量低劣的青贮饲料;日粮精、粗搭配不当;突然变换饲料。

【主要症状】

1)发病迅速、病程短急,一般在过食 8 ~ 12 小时内发病,最急的食后 3 ~ 5 小时突然死亡。

2)食欲废绝,反刍停止,瘤胃蠕动音消失,触诊有波动感,冲击

或触诊有震水音，出现脱水、休克、瘫痪、腹泻等。

【诊断方法】　有采食或偷食过量的谷物饲料、块根类饲料史。血液酸度增高，血浆二氧化碳结合力降低，尿液 pH 降低，瘤胃液酸臭。

【治疗方法】　迅速排除瘤胃内容物，缓解酸中毒，纠正脱水，恢复瘤胃功能。

1）硫酸钠 500 克、鱼石脂 50～100 克、液状石蜡油 500～1000 毫升、小苏打 100～150 克、大黄酊 10 毫升、陈皮酊 10 毫升、龙胆酊 10 毫升，加水 2000～3000 毫升一次灌服。

2）糖盐水 2000～3000 毫升、5% 碳酸氢钠溶液 500 毫升、20% 安钠咖溶液 10 毫升、5% 维生素 C 溶液 30 毫升、促反刍液 500 毫升，一次静脉注射。

十、前胃弛缓

前胃弛缓是指前胃兴奋性降低和收缩力减弱的机能紊乱疾病。其特征是食欲降低、瘤胃收缩乏力和收缩次数异常，为奶牛的常发病。

【病因】　根据发病原因，可将本病分为原发性前胃弛缓和继发性前胃弛缓两种，原发性前胃弛缓的常见原因如下。

1）饲料品质低劣、单纯，长期饲喂适口性较差的饲料，如稻草、玉米秸等。

2）日粮配合不平衡。日粮中精饲料、糟渣类（如酒糟、豆腐渣、粉渣等）喂量过多。

3）饲喂方法及饲料的突然变更。

4）天气寒冷，牛的饲养密度大，运动量不足，而全身张力又降低。

继发性前胃弛缓，在奶牛中更为常见。发病者多为妊娠牛、产后牛、高产牛。牛患产前（后）瘫痪、酮病、创伤性网胃炎、心包炎、乳腺炎、产后败血症、牛流行热、口蹄疫、牛巴氏杆菌病等，都表现有前胃弛缓症状。

【主要症状】　病牛精神沉郁、目光无神、步态缓慢。食欲改变，轻者食欲降低，或只吃青贮和干草而不吃精饲料，或只吃精饲料而不吃草，但采食量均减少；重者食欲废绝，呆立于槽前，体温正常（38～39℃），脉搏 80～88 次/分。全身变化不大。

触诊瘤胃硬度正常，听诊瘤胃蠕动音异常，表现出瘤胃有收缩，但收缩力弱，有的收缩次数和强度都减弱。前者瘤胃蠕动频繁但蠕动波小，后者瘤胃的蠕动次数和蠕动波同时减少，较长时间才能听到一次微弱的蠕动音。

病牛反刍次数减少，嗳气频繁，通常粪、尿无明显变化。瘤胃弛缓时间较长者，左侧肷窝下陷，产奶量明显下降。

【诊断方法】 根据病后特征，如食欲异常、瘤胃蠕动减弱、体温与脉搏正常，即可确诊。

奶牛患病大多有前胃弛缓病症表现，故应详细调查，综合分析。现场诊断可采取瘤胃内容物进行检查，若用一根胃导管抽取胃内容物，以试纸法测定其 pH，患前胃弛缓的牛，其 pH 一般低于 6.5。

【预防措施】

1）坚持合理的饲养管理制度，按不同生理阶段提供相应日粮，严禁为了催奶而片面增加精饲料使用量，要保证供给充足的干草、维生素、矿物质饲料。

2）加强饲料的保管工作，防止霉烂、变质。每天促使牛有 2~3 小时的缓慢运动。

3）对临产牛、分娩后的牛、高产牛仔细观察，以利于及时发现病情，及时治疗。

【治疗方法】 恢复、加强瘤胃功能，调整瘤胃 pH，防止机体中毒。停喂精饲料，给以优质干草。

1）为加强瘤胃收缩，可一次静脉注射 10% 氯化钠溶液 500 毫升，10% 安钠咖溶液 20 毫升，对于分娩前后的牛和高产牛，可一次静脉注射 5% 糖盐水 500 毫升、25% 葡萄糖溶液 500 毫升、20% 葡萄糖酸钙（或 3% 氯化钙）溶液 500 毫升。

2）为改变瘤胃内环境，调整瘤胃 pH，可内服人工盐 300 克、碳酸氢钠 80 克。

3）为防止酸中毒，可静脉注射 5% 糖盐水 1000 毫升、25% 葡萄糖溶液 500 毫升、5% 碳酸氢钠溶液 500 毫升。

4）为恢复瘤胃消化功能，可灌服瑞普大地"健胃散"250 克/天，连用 3~5 天。

十一、瘤胃臌胀

瘤胃臌胀是由于瘤胃内容物异常发酵，产生的大量气体不能嗳气排出，致使牛瘤胃体积增大。本病的特征是病牛腹围增大，左侧肷窝过度

臌起，可分为原发性瘤胃臌胀和继发性瘤胃臌胀；根据臌胀的性质，又可分为泡沫性臌胀和非泡沫性臌胀两种。

【病因】

1）大量饲喂多汁、幼嫩的青草和豆科植物如苜蓿等饲料。

2）大量饲喂蛋白质含量高而又未经浸泡的饲料，如大豆、豆饼等。

3）饲喂发霉、变质或经雨淋、潮湿的饲料；或食入大量的豆腐渣、粉渣、青贮饲料；或食入有毒植物。

4）当牛患食道梗塞、食道麻痹、创伤性网胃炎、产后（前）瘫痪、酮血症、奶牛流行热的麻痹型等病时，都有瘤胃臌胀的表现。

【主要症状】

（1）急性臌胀　病牛表现不安，回顾腹部，后肢踢腹，步态缓慢，食欲废绝；眼结膜发绀、充血，眼球突出；腹围增大，左肷窝部隆起而高于髋关节，四肢缩于腹下，呻吟。发病初期，体温、脉搏多数正常，仅少数病例体温升高，呼吸急促，脉搏增加。触诊瘤胃时，腹壁紧张，按压有弹性，叩诊呈"嘭嘭"声，像打鼓；瘤胃收缩乏力，无明显蠕动波、蠕动频繁，可听到金属声、捻发音，后蠕动消失；肠蠕动消失，初期排出少量粪便，后排粪停止。

（2）慢性臌胀　臌胀时发时消，反复出现。臌胀时，食欲消失；臌胀消除后，食欲恢复，症状消失。

【诊断方法】　原发性瘤胃臌胀，可根据其临床表现症状予以确认。慢性和继发性瘤胃臌胀，则应根据病牛其他症状综合分析。应特别注意与创伤性网胃炎、酮病、缺钙所引起的臌胀加以区别。

临床上可用胃管诊断。通入胃管后，若为单纯性气胀，气体可由胃管逸出而气胀消除；若为泡沫性臌胀，气体很难逸出，只有抽出含油泡沫的液体症状才会消除；若为继发性臌胀，可从胃管逸出气体，但除去胃管后，臌胀又反复出现。

【预防措施】

1）做好饲料的保管和加工调制工作。青贮、块根及糟渣类饲料应放于棚内，不可被雨淋。严禁饲喂霉烂变质的饲料。大豆、豆饼类的饲料，应当用开水浸泡后再饲喂。

2）日粮要平衡，应供给充足的矿物质、维生素饲料。

【治疗方法】　排气减压，制止发酵。恢复瘤胃的正常生理功能，保护心脏，防止因吸收毒素而中毒。

1）为抑制瘤胃内容物发酵，可以服防腐止酵药，如将鱼石脂 20 ~ 30 克、福尔马林溶液 10 ~ 15 毫升、1% 克辽林溶液 20 ~ 30 毫升配成 1% ~ 2% 的溶液内服。

2）为促进气体排出，可用祛风剂和表面活性药物，如将茴香油 40 ~ 50 毫升、松节油 20 ~ 30 毫升与蓖麻油、液状石蜡油各 500 毫升一次灌服。或将兽用有机硅消泡剂（二甲硅油干乳剂）10 ~ 20 克，稀释后内服，本乳剂在动物体内不吸收，而能使胃肠道里以泡沫形式淤积的气体迅速汇合，以利于排出。

3）因食用幼嫩青绿饲草而引起的膨胀，可口服吸附剂吸附毒物，一般内服氧化镁 50 ~ 100 克、药用炭 100 克。

4）为促进嗳气，恢复瘤胃功能，可将一根细木棍横置于病牛口腔，使之不能闭合、头稍抬高拴起，促其嗳气；也可静脉注射 10% 氯化钠溶液 500 毫升，内加 10% 安钠咖溶液 20 毫升。

5）为防止膨胀过度而引起瘤胃破裂或窒息死亡，可采取穿刺放气法，但放气不宜太快。放完气后，可用套管针对内注入止酵药。

6）对妊娠后期或分娩后的牛或高产牛，可一次静脉注射 10% 葡萄糖酸钙溶液 500 毫升。

7）为恢复瘤胃机能，促进嗳气和反刍，可灌服瑞普大地"反刍力丁琳"250 克/天，连用 3 ~ 5 天。

十二、瘤胃积食

瘤胃积食是指瘤胃内充满过量且较干涸的食物，引起胃壁扩张，致使瘤胃运动及消化机能紊乱。本病的特征是瘤胃质度坚硬。

【病因】

1）喂精饲料及糟粕类饲料过多，粗饲料过少，片面地追求产奶量，给牛偏喂粉渣、糖渣。

2）突然变更饲料，特别是将品质低劣、适口性较差的饲料换成品质好、适口性好的饲料时，牛过度贪食。

3）饲料保管不严，牛从牛栏内跑出，偷吃过多的豆饼和精饲料。

4）过肥的牛、妊娠后期或高产牛，因全身张力降低，瘤胃机能减弱而发病。

【主要症状】

1）急性积食时，病牛无食欲，反刍停止；上槽时步行缓慢，鼻境

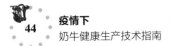

干燥，精神不安，弓腰，四肢缩于腹下，后肢频频移动，时见后肢踢其腹部，空嚼磨牙，呻吟。病初排粪次数增加，粪呈灰白色，多为黏稠状、有恶臭、质度软，似粥样，内含未消化的粒料；若粪排入水中，多浮于水面，似油状；产奶量显著下降。

2）眼结膜充血、发绀，腹围增大。触诊时，胃内容物多质度坚实；左肷部隆起。听诊时，瘤胃蠕动音微弱，初频繁后停止。叩诊呈浊音。做直肠检查，可见瘤胃体积增大，移位于骨盆腔入口处，并可以触摸到。

3）体温正常，也有升高者（39.5℃）。瘤胃积食严重时，呼吸急促，脉搏加快。

如果治疗失误和病程加长，瘤胃上部含有少量气体，即所谓"气帽"生成。病牛全身中毒加剧，站立不稳，步态蹒跚，肌肉震颤，眼窝下陷，心律不齐，心音微弱，全身衰竭，卧地不起。

【诊断方法】 从临床症状的典型变化，结合发病调查可以确诊。询问病史时，应注意牛发病前有无异常表现，如有无过度喂精饲料、是不是偷吃了精饲料等。有些牛也有因前胃弛缓、机能失调而反复发生瘤胃积食者，故应进行多方面分析。

【预防措施】

1）严格执行饲喂制度，精饲料、糟粕类饲料的喂量要根据牛的不同生理状况、生产性能而定，不可偏喂多添、随意增量。

2）做好饲料保管工作，加固牛栏防止牛跑出来偷吃过多的精饲料。

3）病牛前胃弛缓症状消除、痊愈后，喂料应逐渐增多，多喂一些干草，以避免积食复发。

【治疗方法】 加强排空机能，增强瘤胃收缩力，防止胃内异常发酵及吸收毒素而引起中毒。

1）1%氯化钠溶液500毫升、10%安钠咖溶液20毫升，混合后一次静注；也可将硫酸镁500克、液状石蜡油1000毫升、鱼石脂30毫升混合加水，一次灌服。

2）硫酸镁1000克、碳酸氢钠粉80克，混合加水，一次灌服。

3）如果出现机体脱水、中毒，可一次静脉注射糖盐水1500毫升、20%葡萄糖溶液500毫升、5%碳酸氢钠溶液500毫升、10%安钠咖溶液20毫升。

4）通过手术切开瘤胃，掏出过多的胃内容物。

5）灌服瑞普大地"反刍力丁琳"250克/天，连用3~5天。

十三、创伤性网胃炎

创伤性网胃炎是指尖锐异物随食物进入瘤胃，继而刺伤网胃壁所引起的网胃机能障碍和器质性变化的疾病，常伴有腹膜炎。本病的特征是病牛突然不食、疼痛，或瘤胃臌胀反复出现。

【病因】

1）饲料加工不细，饲草中混有金属异物如铁丝、铁钉、注射针头等，随饲草被牛吞食。

2）矿物质、维生素饲料缺乏时，牛出现异食癖而吞进尖硬异物。

【主要症状】 单纯性网胃炎（未刺伤其他组织），病牛全身反应不大；体温正常或稍高，脉搏稍快；突然食欲废绝，精神愁苦，反刍停止，产奶量突然下降，严重者无奶；被毛无光，粗刚逆立；肘头外展，肘肌震抖；弓背，喜站立而不愿行走；鼻镜干燥，空嚼磨牙，触诊网胃区域时，病牛敏感，似有躲避之意；瘤胃蠕动初微弱后停止；粪干而少，呈褐色，上附有黏液和血液；排便时，拱腰举尾，不敢努责，后排粪停止；从口内流出清亮黏液，或于喝水后从口内吐出，开始量少，后呕吐物持续不断。

病程较长的病牛，前胃弛缓反复发生，食欲时好时坏，或吃草不吃料，或吃料不吃草；瘤胃蠕动微弱，次数减少；也有臌胀反复出现者，臌胀时，食欲废绝，臌胀消失后，食欲又恢复；机体消瘦，产奶量持续下降。

【诊断方法】

1）对食欲废绝、排粪干涸或停止的牛，可使用泻剂（硫酸镁 1000 克、蓖麻油 500 毫升，一次灌服），若不排泻而又无食欲，多与创伤性网胃炎有关，即所谓"上下不通网胃查"。

2）日产奶量在 40 千克以上的牛，凡食欲下降或废绝，产奶量降低或停止，而体温、心跳又正常，主要表现为前胃弛缓和瘤胃臌胀，可使用糖钙疗法（25% 葡萄糖、20% 葡萄糖酸钙溶液各 500 毫升）治疗 2~3 天后，全身症状和食欲仍无好转的，可判为创伤性网胃炎。

3）临产前食欲降低或废绝，分娩后不食，但体温、心跳正常，主要表现为前胃弛缓的牛，且多次使用糖钙治疗，而未收效者，可诊断为创伤性网胃炎。

因异物在网胃内的数量、所处的状态、刺伤部位及程度不同，临床

症状也不尽相同。有的牛外部症状明显，有的则无任何外部表现。因此诊断本病时，一定要对饲料的加工，以及奶牛的习性、特征、食欲、泌乳等有所了解。既要注意牛的临床症状，又要重视药物的疗效，进行综合诊断。

【预防措施】

1）做好饲料、饲草的加工调制工作，可以使用电磁筛、电磁叉，防止金属异物进入饲料。

2）日粮供应要平衡，矿物质、维生素要供应充足，防止牛产生异食癖。

3）饲养人员养成不随意将金属物品（如铁丝、铁钉等）带入牛棚和随意丢弃的习惯。

【治疗方法】 采用药物治疗本病，疗效不明显。往往由于药物治疗而使病程延长，致使异物所处的状态发生改变而加剧病情，故一旦确诊，应尽早实行手术疗法，即切开瘤胃取出异物，此法疗效可靠。

十四、创伤性心包炎

创伤性心包炎是由尖锐异物刺伤心包而引起心包化脓性、增生性的炎症，常伴有网胃炎、隔膜炎、胸膜炎。本病的特征是食欲废绝，心跳增加，颈静脉怒张，胸下、颈下浮肿，为奶牛常发病，尤以饲养管理较粗放时易多发。

【病因】 凡能引起奶牛创伤性网胃炎的原因均可引起创伤性心包炎。

【主要症状】 病牛精神痛苦，食欲、反刍停止，瘤胃蠕动音消失，站立时弓背，不愿行走，有斜坡时，前肢往往爱站在高坡处；产奶量下降或无奶；粪便干、小，呈黑色，有的排出黑色稀粪——败血性腹泻症状，被毛粗刚，无光逆立；肘头外展，肘肌震颤，空嚼磨牙；颈静脉怒张，粗硬呈条索状，波动明显；体温升高达 $40 \sim 41$℃；心跳增加，每分钟达 $100 \sim 130$ 次；第一、二心音模糊不清，初期可听到拍水音、摩擦音，后期心包增厚，摩擦音消失；心包体积增大时，叩诊浊音界扩大。

随着病程延长，可见胸、下颌水肿。

【诊断方法】 本病依据临床特征，可以初步确诊。最后的确诊可抽取心包液检查。先在左侧第 $4 \sim 6$ 肋间，肘关节水平线上剪毛，用 10% 碘酒消毒。然后用带胶管的穿刺针直刺到心包内（进针深 $4 \sim 5$ 厘米），用注射器抽取心包液。病牛的心包液呈浅黄色、深黄色、暗褐色、灰白色，有腐臭味，遇空气易凝固。

创伤性网胃炎是创伤性心包炎的前驱阶段，后者是前者的继续恶化与发展，故症状有很多相似之处。只是前者尚未侵害心包，故心包无拍水音、摩擦音，胸、颌下无水肿。

【预防措施】

1）做好饲养管理和清洁卫生工作，精心检查饲料、饲槽，严防异物混入。

2）对已确诊为创伤性网胃炎的病牛，视情况或淘汰或做手术，取出异物，避免耽误，使病情恶化，刺伤心包。

【治疗方法】 药物治疗基本无效；手术治疗费用大，即使成活，护理期长，其空怀天数延长，饲养开支增加，所以一旦确诊，尽早淘汰。

十五、酮病

酮病是一种以糖、脂肪代谢障碍为主的疾病，同时涉及蛋白质、水和盐代谢紊乱，病牛表现为低血糖、高血脂。酮病分为Ⅰ型和Ⅱ型，其诊断与治疗方案，见表3-2。

表3-2　奶牛酮病的诊断与治疗方案

酮病类型	Ⅰ型酮病		Ⅱ型酮病	
发病原因	采食量不足，缺乏糖原先质		肥胖牛，脂肪肝	
发病时间	产后3~6周		产后1~2周	
临床症状	乳量下降或无乳；转圈、步态蹒跚等神经症状；重症卧地不起；厌食、体重急剧下降；试纸条检测β羟丁酸含量大于1.2毫摩/升（亚临床性酮病）；β羟丁酸含量大于3.0毫摩/升（临床性酮病）			
治疗方案	临床	亚临床	临床	亚临床
	静脉注射50%葡萄糖溶液500~1000毫升+10%葡萄糖酸钙溶液500毫升；灌服大地产宝2袋。后续3~5天，每天灌服大地产宝1袋	每天灌服大地产宝1袋，连用3~5天	静脉注射50%葡萄糖溶液500~1000毫升+5%碳酸氢钠溶液500毫升+10%葡萄糖酸钙溶液500毫升；每天灌服大地产宝2袋，连用3~7天	每天灌服大地产宝1袋，连用3~5天

【病因】 泌乳早期，奶牛机体处于能量负平衡状态，日糖不平衡时致使糖原先质不足。同时，迫使奶牛过多动用体脂而产生大量酮体。

当酮体产生的数量远远超过肝组织所能氧化分解的能力时，即可引起酮病发生。

【主要症状】

（1）消化型酮病 食欲降低或废绝，喜喝污水、尿液，异食泥土等脏物，可视黏膜黄染；瘤胃弛缓，蠕动微弱，收缩次数减少，粪稍干、量少；有的牛伴有胃臌胀；体温正常或下降（37.5℃），心率增加可超过100次/分；重症病牛全身出汗，似水洒身；尿量少、色黄，有刺鼻酸味；产奶量下降，轻症者产奶量持续下降，重症者产奶量骤减甚至无奶；有时奶中及病牛呼出气体中含明显丙酮味。

（2）神经型酮病 神经症状突然发作，于圈内乱转，目光怒视，横冲直撞，站立不安；全身紧张，颈部肌肉强直，兴奋狂暴。有的牛在运动场乱跑，阻挡不住；有的牛精神沉郁，呆立槽前，低头耷耳，目光无神，似睡态，对外界刺激反应迟钝。

【诊断方法】 根据病牛临床症状、饲养管理情况、日粮配合及产奶量变化进行综合分析，可初步确诊。用亚硝基铁氰化钠（硝普钠）法化验奶样、尿样可快速确诊。

【预防措施】

1）合理调配日粮，使蛋能比、精粗比保持合理值，富含可溶性碳水化合物。

2）于产前2周开始每天每头投喂6～12克烟酸（维生素B_3），可大大降低产后酮病发生率。

3）有条件时在第一泌乳月每3天监测1次，对控制酮病发生有重要意义。

【治疗】 补糖补钙，解毒保肝，健胃强心。

1）10%葡萄糖溶液500毫升、25%葡萄糖溶液2000毫升、2.5%维生素B_1 30毫升、0.5%氢化可的松溶液100毫升、5%碳酸氢钠溶液500毫升，静脉注射，每天2次。对于神经型酮病，使用水合氯醛首次量为30克，以后每次7克，口服时配以黏浆剂，神经症状消失后立即停服。

2）每天每头投服250克"大地产宝"。

3）每天每头投服12克烟酸。

十六、乳热症

乳热症又称产后瘫痪症、低血钙症，是以血清中钙离子浓度低下为主要特征的代谢性疾病。乳热还会诱发瘤胃弛缓、皱胃变位、胎衣不下、子宫脱出和子宫炎等症。

【病因】 如牛产后，大量血钙进入初乳，血钙水平迅速下降，若细胞外液可利用钙得不到补充，可在产后 10 小时内将其储备消耗尽，如果机体从肠道中吸收的钙及从骨骼中动员的钙能够及时补充奶牛产后血钙的迅速下降，则不发生本病。否则，体内血钙的动态平衡遭到破坏，会导致本病发生。

【主要症状】

（1）典型病例 多发生于产后 12 ~ 72 小时的奶牛。病初食欲废绝，反刍、瘤胃蠕动、排粪及排尿停止，精神沉郁，后躯摇晃站立不稳，全身肌肉震颤；不久出现瘫痪症状，病牛伏卧不能站立，四肢缩于腹下，颈部弯曲，将其拉直，松手后又复回原状，体温下降至 37.5 ~ 38℃；意识抑制，知觉丧失，昏睡。

（2）非典型病例 多发生于产后数日到数周，伏卧、瘫痪，头部至鬐甲呈轻度 S 状弯曲，不昏睡，有时能勉强站立，但行动困难，体温正常稍低。

【诊断方法】 根据临床症状可初步确诊，但要注意与瘤胃酸中毒和热射病相区别。

【预防措施】

1）在奶牛干奶期限制钙的摄入，增加镁的摄入，造成钙的负平衡，这样可以刺激 1，25-二羟维生素 D 的产生和甲状旁腺激素的分泌，使母牛有效地利用饲料中的钙，并在产后当钙需要量急剧增加时能迅速动员体内钙的储备。从干奶到临产母牛，其对钙的日摄入量应保持在 30 克以下水平，但在实践中很难做到，原因是粗饲料中含有丰富的钙。

2）给奶牛饲喂含阴离子盐类的饲粮，引起中度酸中毒，同样也可以加强甲状旁腺激素的分泌和 1，25-二羟维生素 D 的产生，达到减少乳热发生的目的。其基本概念是每千克日粮干物质中阳离子减去阴离子毫克当量（mEq）之差（DCAD），即（$Na^+ + K^+$）－（$Cl^- + S^{2-}$）mEq/千克 DM，具体操作步骤如下。

① 分析全部饲料中的 K^+、Na^+、S^{2-}、Cl^- 含量，计算基础日粮的 DCAD。

② 使用硫酸盐（开始时用硫酸镁）使硫含量增加至 0.4%，镁含量不应超过 0.4%。如果在硫含量达到目标水平以前，镁含量已经达到预

期水平，则可考虑先使用硫酸钙，然后使用硫酸铵。

③ 在饲粮中补充氯化铵、氯化钙或氯化镁（或其组合），使 DCAD 达到 100～200 毫克当量数每千克 DM。

④ DCAD 达到预期水平后，提高钙的日摄入量至 120～150 克。

⑤ 使磷的日摄入量达到 40～50 克。

饲喂含阴离子的日粮还可以降低胎衣滞留的发生率，改善受胎率并能提高产奶性能，降低皱胃变位发生率。但缺点是适口性差，在产前可降低采食量，造成产后能量负平衡加剧，故需要良好的饲养管理技术。

3）在产前 7～10 天和临产时各肌内注射 1 次维生素 D_3 注射液 150 万单位，并在产前 3 周至产后 1 周每天饲喂 30 克硫酸镁。

4）高产母牛产犊后第 1、2 次挤奶只挤够犊牛吃的即可，第 3、4 次挤出乳房中估计乳量的 2/5，第 5、6 次挤出 3/5，在产后 4～5 天才全部挤净，防止钙从初乳中大量排出。

5）产前 15 天至产后 7 天，饲喂"大地产宝"100 克/天，连用 21 天，可有效预防产乳热、低血钙症。

【治疗方法】 补血钙，解除休克症状。

1）补血钙。10% 葡萄糖酸钙溶液 1000～2000 毫升或 5% 葡萄糖氯化钙溶液 750～1200 毫升或 5% 氯化钙溶液 250～500 毫升，一次静脉注射，效果不好时，加注 15% 酸性磷酸钠溶液 200 毫升和 20% 硫酸镁溶液 250 毫升。

2）根据具体临床症状对症用药，解除休克症状。

十七、奶牛热应激

【症状】 奶牛适宜环境温度为 -1～24℃。当出现热应激时，产奶量降低 15%～40%，乳脂率降低 38%，乳蛋白降低 16%，受胎率下降 20%～30%；免疫力低下，体细胞、乳腺炎、代谢病发病率增加；干物质采食量下降 10%～50%。

【预防措施】 每天清洗水槽 1 次，尤其水藻及发霉饲料残渣；牛舍保证 15～20 头奶牛用 1 个饮水槽；在回牛通道和待挤区设置饮水槽；每天清扫饲槽、料垢，清除发热变质饲料，使奶牛生产环境卫生得到保障（彩图 1）。在牛舍安装喷淋降温装置，在热应激期间可以通过喷淋降温（彩图 2）。

【治疗方法】 在日粮中添加"奶牛专用金维他"。由于呼吸和排汗增加常引起奶牛体内矿物质不足，应增加钙、磷、镁、钠、钾等的喂量。奶牛在大量排汗时主要损失的矿物质是钾，特别是在炎热夏季，损失更为严重。有时热应激还会引起体液 pH、CO_2、HCO_3^- 的浓度变化，降低纤维素、半纤维素和其他糖类的消化，引起呼吸性碱中毒，补充矿物质有助于维持奶牛体液酸碱状态，防治酸碱失衡。

研究发现，在日粮中增加钾和钠的浓度，产奶量提高 3%～18%，日粮阴阳离子平衡从 83 毫克当量/千克（干物质）提高到 275 毫克当量/千克和 425 毫克当量/千克时，产奶量分别提高 10% 和 3.9%。

在日粮中添加"奶牛专用金维他"可有效缓解经产奶牛泌乳中期的热应激，改善乳成分，保持呼吸频率，还可以起到促进食欲、抑制体温升高、提高抗病力的作用，采食量增加 5%～8%，产奶量提高 10%～12%。通过提高乳腺组织中抗自由基的水平进而改善奶牛健康，维生素 E 能防止脂肪的氧化，促进维生素 A、D 在肠道内的吸收，起到抗热应激的作用。

"奶牛专用金维他"在热应激期间的添加量为 30 克/（头·天），连用 3 周，停 1 周，然后继续使用，直至热应激结束。

第四章
人畜共患病的防控

第一节 病 毒 病

一、口蹄疫

口蹄疫是由口蹄疫病毒引起的偶蹄动物共患的急性接触性传染病，猪、牛、羊等主要家畜和其他家养、野生等偶蹄易感动物达70多种，人也可以感染。动物感染的临床特征是在口腔黏膜、蹄部和乳房皮肤发生水疱性疹，人表现为口腔黏膜、手掌、足掌和趾间出现水疱和溃疡。本病传播途径多、速度快，曾多次在世界范围内暴发流行，造成巨大损失。

【病原】 口蹄疫病毒属于微核糖核酸病毒科口蹄疫病毒属。病毒呈球形，直径为21～25纳米，单链RNA，无囊膜。衣壳蛋白决定其抗原性。病毒具有多型性和变异性。根据其血清学特性，目前已知有7个型：A、O、C、SAT1、AT2、SAT3及Asia1型。每个型内又分亚型，目前已发现的亚型超过65个。各型之间抗原性不同，无交叉免疫。亚型间及毒株间的抗原性也有明显差异，给本病的检疫和免疫防控带来很大困难。病毒可在鸡胚中繁殖，也可用牛肾、仔猪肾、地鼠肾等多种细胞培养。病毒对外界环境的抵抗力较强，自然情况下，病毒在组织和污染物中可存活数周至数月。但其对高温、紫外线、酸碱敏感，酚、酒精、氯仿等消毒剂对口蹄疫病毒无效。

【流行与传播】 多种动物和人对本病易感，但偶蹄动物的易感性最高。家畜中黄牛和奶牛最易感，其次是牦牛、水牛和猪，再次为绵羊、山羊、骆驼等。

患病及带毒的动物，特别是偶蹄家畜是本病的主要传染源。动物在患病初期排毒量大，毒力强，最具传染性，经破溃的水疱、唾液、粪、乳、尿、精液和呼出的气体向外界排出大量的病毒。一般认为病人不具有传染源的作用。

本病毒以直接接触和间接接触的方式传播，主要经消化道和呼吸道感染，也可经损伤的皮肤和黏膜感染。病畜的分泌物、排泄物、呼出气体及其他被污染的物品和动物均可成为本病的传播媒介。病毒能随风散播到 50 ~ 100 千米以外的地方，因此，空气也是一种重要的传播媒介。人多因与病畜接触或饮用带毒鲜乳而感染本病。

本病无严格的季节性，但不同地区可表现不同的季节高发性，一般以冬季发病最为严重。家畜口蹄疫常呈流行性或大流行性发生。幼畜的发病率高，死亡率也高。

【症状】 本病潜伏期为 2 ~ 4 天，病牛体温可升高到 40 ~ 41℃；精神沉郁，闭口，流涎，开口时有吸吮声；发病 1 ~ 2 天后，病牛齿龈、舌面、唇内面可见到蚕豆到核桃大的水疱，涎液增多并呈白色泡沫状挂于嘴边；采食及反刍停止；水疱约经 24 小时破裂，形成溃疡，这时体温会逐渐降至正常；在口腔发生水疱的同时或稍后，趾间及蹄冠的柔软皮肤上也发生水疱，并很快破溃，然后逐渐愈合；有时在乳头皮肤上也可见到水疱。本病一般呈良性经过，经 1 周左右即可自愈，若蹄部有病变则可延至 2 ~ 3 周或更久，死亡率为 1% ~ 2%，这种病型为良性口蹄疫。有些病牛在水疱愈合过程中，病情突然恶化，全身衰弱，肌肉发抖，心跳加快、节律不齐，食欲废绝，反刍停止，行走摇摆，站立不稳，往往因心脏停搏而突然死亡，这种病型为恶性口蹄疫，死亡率高达 25% ~ 50%。犊牛发病时往往看不到特征性水疱，主要表现为出血性胃肠炎和心肌炎，死亡率极高。

【诊断方法】 口蹄疫病变典型易辨认，故结合临床病学调查不难做出初步诊断。进一步确诊可采用动物接种试验、血清学检测及鉴别诊断等。其临床诊断要点如下。

1）发病急、流行快、传播广、发病率高，但死亡率低，且多呈良性经过。

2）大量流涎，呈引缕状。

3）口蹄疮定位明确（口腔黏膜、蹄部和乳头皮肤），病变特异（水疱、糜烂）。

4）若为恶性口蹄疫，可见虎斑心。

【预防措施】

1）在本病流行区，每年定期对猪、牛、羊等偶蹄动物开展免疫接

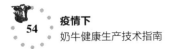
种匹配型的口蹄疫疫苗，可起到良好的预防效果。

2）病牛疑似口蹄疫时，应立即报告兽医机关，病牛就地封锁，所用器具及污染地面用2%氢氧化钠消毒。确认后，立即进行严格封锁、隔离、消毒及防治等一系列工作。发病牛群扑杀后要无害化处理，工作人员外出要全面消毒，病牛吃剩的草料或饮水，要烧毁或深埋，牛舍及附近用2%氢氧化钠等消毒液喷洒消毒，以免散毒。选用与当地流行的口蹄疫毒型相同的疫苗，进行紧急接种，用量、注射方法及注意事项须严格按疫苗说明书执行。

【治疗方法】 按照相关法规，病牛应进行淘汰处理。对有重要经济价值的动物可进行对症治疗，也可用同型高免血清治疗，加强饲养管理和护理可起到良好的效果。对病牛开展护理工作时，每天要用盐水、硼酸溶液等洗涤其口腔及蹄部。要喂以软草、软料或麸皮粥等。口腔有溃疡时，用碘甘油合剂，每天涂抹。蹄部发生病变时，可用消毒液洗净，涂甲紫（龙胆紫）溶液或碘甘油。

二、流行性感冒

流行性感冒又称为流感，是由流感病毒引起的一种具有高度传染性的急性病毒病。本病易感动物广泛，传播迅速，易呈流行性和大流行性发生。临床表现为发病急、病程短、全身症状明显，出现高热、乏力、头痛、全身肌肉酸痛等中毒症状。流感在历史上给人类带来了极大危害，是人类还不能有效控制的传染病之一。

【病原】 流感病毒属于正黏病毒科、正黏病毒属，呈球形，直径为80～120纳米。根据流感病毒感染的对象，可以将病毒分为人类流感病毒、猪流感病毒、马流感病毒及禽流感病毒等类群，其中人类流感病毒根据其核蛋白的抗原性可以分为甲、乙、丙3型。甲型流感病毒能感染多种动物和人，而且其抗原性易发生变异，多次引起世界性大流行；乙型流感病毒对人类致病性也比较强，但是人们还没有发现乙型流感病毒引起过世界性大流行；丙型流感病毒只引起人类不明显的或轻微的上呼吸道感染，很少造成流行。

本病毒可在空气中存活30分钟，在干燥尘埃中存活2周，在含蛋白质的培养基中于4℃保存1个月，在甘油生理盐水中于0℃保存数月，在-70℃保存数年。但在100℃条件下1分钟可灭活，对酸、乙醚、乙醇、福尔马林和紫外线均敏感，对碘蒸气和碘溶液特别敏感。

【流行与传播】 本病的传播源主要为病动物、病人和带毒的动物及人。牛流行性感冒的潜伏期为 2～10 天，病程 1 周左右。急性病人于病初 2～3 天传染性最强，病后 1～7 天均有传染性。病原存在于病人和病动物的鼻液、口涎、痰液等分泌物中，随咳嗽、喷嚏排出体外，散布在空气中，通过飞沫经呼吸道传播给健康人和动物。另外，病原还可随粪便排出，造成环境和水源的污染，直接接触病毒污染物也可感染发病。

本病一年四季均可发生，但多见于冬、春季节；传播迅速，一般在 3～5 天内可达到高峰，2～3 周内迅速消失；平时多呈散发，每 2～3 年有一次小流行，每 10～15 年可能发生世界性大流行；气候骤变、寒冷、阴雨、潮湿、拥挤等因素能促使动物发生本病。

【症状】 牛流行性感冒的主要症状是高热，表现为全身发抖，心跳加快，呼吸困难，精神萎靡不振，眼结膜充血，被毛蓬乱无光泽，关节疼痛肿胀，四肢运动不灵活，流黏液性鼻液，流涎，食欲差，反刍停止。

【诊断方法】 流感可根据流行病学、临床特征和血象（白细胞数正常或减少、淋巴细胞相对增多、嗜酸性粒细胞消失）可做出初步诊断，确诊需要实验室检查结果。

1）鼻黏膜印片检查。本法简便易行。取窄玻片（长 8 厘米、宽 0.6 厘米）伸入鼻腔在鼻甲上压一下即取出，经染色镜检，可发现多数柱状上皮肤细胞的细胞质内有嗜酸性包涵体，发病 4 天内阳性率高（80%～95%）。如果用荧光抗体染色检查，阳性率达 90% 以上，具有特异性，有利于早期诊断。

2）血清学检测。用血凝抑制试验或补体结合试验，在病初和发病第 10～14 天各取血清 1 份做试验，抗体效价增加 4 倍以上者可确诊。补体结合抗体产生早，消失快，较敏感；血凝抑制抗体持续较久，能决定亚型。

3）病毒分离。发病 3 天内用生理盐水或牛肉汤冲洗鼻咽部，加青霉素及链霉素后接种鸡胚羊膜腔，阳性率很高，组织培养阳性率略逊。

诊断时应注意与其他病毒性呼吸道感染、支原体肺炎和热性疾病的早期相鉴别。

【预防措施】

1）通过国际交流掌握全世界流感动态和病毒变异情况，以便及时采取预防措施。

2）在流行区对流感患者施行隔离治疗。停止一切大型活动。被患者污染过的地方要彻底消毒。尽量减少人与动物的接触。个人要采取戴口罩、常洗手等防护措施。

3）接种疫苗。不管人还是动物都要按规定积极接种，这是目前预防本病最有效的措施。

【治疗方法】 目前对本病的治疗还没有完全有效的西药（有人用金刚烷胺、奥司他韦也取得一定疗效），可积极试用中药。发现病牛后要立即将其隔离，防止与健康牛的传染，加强护理，及时治疗。目前常用的治疗方法如下。

1）肌内注射柴胡注射液，每天注射 1 次，每次每千克体重 0.05 毫升，连续注射 2 ~ 3 天。

2）肌内注射板蓝根注射液，每天注射 1 次，每次每千克体重 0.1 ~ 0.2 毫升，如果患病较为严重，则应加大剂量，每天 2 次，连续注射 3 ~ 5 天。

除此之外，建议肌内注射或静脉滴注青霉素及黄芪多糖注射液，以预防细菌性或病毒性感染引起的并发症，每天注射 1 次，每次每千克体重 0.05 ~ 0.1 毫升，连续注射 2 ~ 3 天。

三、狂犬病

狂犬病又名恐水症，俗称疯狗病，是狂犬病病毒引起的一种急性人畜共患传染病，是狗、猫与人最主要的共患病之一。

狂犬病病毒主要通过破损的皮肤或黏膜侵入机体，经神经末梢上行进入中枢神经系统。临床表现为兴奋、恐水、咽肌痉挛、进行性麻痹等，主要为急性、进行性、几乎不可逆转的脑脊髓炎，死亡率几乎为 100%。

【病原】 狂犬病毒属于弹状病毒科狂犬病毒属，病毒颗粒呈子弹形，直径为 20 纳米，平均长 170 纳米，为单键 RNA 病毒，有囊膜。病毒主要存在于中枢神经组织、唾液腺内，在感染细胞内形成特异的细胞质包涵体。

狂犬病病毒对外界的抵抗力不强，可被各种理化因素灭活，不耐湿热，也可被日光、紫外线和超声波破坏。强酸、强碱、高锰酸钾和碘酒等都可使其死亡，在 1% 福尔马林溶液或 70% 酒精中很快死亡；1% ~ 2% 肥皂水能使之灭活，干燥后逐渐失去活力。56℃ 15 ~ 30 分钟或 100℃ 2 分钟均能使之灭活，但在冷冻或冻干状态下可保存病毒活力 1 年以上。在 50% 甘油缓冲溶液中保存的感染脑组织中的病毒可存活 1 个月至1年。

【流行与传播】 狂犬病一年四季均可发生，常呈散发式流行。许多种类的哺乳动物都与狂犬病的传播有关，犬是狂犬病最主要的储存宿主和传播宿主。

狂犬病病毒主要存在于动物的唾液里，可以通过咬伤、抓伤、舔吮等传染，也可通过消化道传播。在动物中犬与人的接触最为密切，加之犬的流动性大，还具有咬人的行为特点，所以犬就成了狂犬病流行中的主要环节。发病牛以犊牛和母牛较多见，一般有被犬咬伤史。

【症状】 发病症状可分为兴奋型和瘫痪型。兴奋型较常见，又可分为前驱期、兴奋期和麻痹期。

牛狂犬病潜伏期一般为30~90天，病牛精神沉郁，食欲减少，不久食欲和饮水停止，明显消瘦，腹围变小。随后病牛精神狂暴不安，神态凶猛，意识紊乱，不断嚎叫，声音嘶哑。病牛不时磨牙，大量流涎，不能吞咽，瘤胃臌气，有的兴奋与沉郁交替出现，最后倒地不起，转入抑制状态，最后麻痹死亡，病程为3~7天。

【诊断方法】 根据症状和流行传播情况，结合被咬伤史可以初步诊断为狂犬病。确诊时需要根据实验室检验结果做出综合判断。

若犬出现无原因地攻击、咬伤人，必须马上对此犬采取隔离措施，限制其行动自由，再进一步观察此犬有无上述狂犬病症状，如果出现狂犬病症状可做出初步诊断。对咬伤人的可疑犬要立即用不放血方式扑杀，交实验室进行组织学检查、荧光抗体试验、快速狂犬病酶免疫诊断、病毒分离鉴定、血清学诊断、动物接种等，根据结果做出确诊。对已经确诊的病犬尸体，进行焚化或深埋处理，对被咬伤的人要立即去医院进行预防性治疗。本病还要注意与病毒性脑炎、破伤风、神经型犬瘟热等病区别诊断。病猫等动物的诊断与犬相似，可参考进行。

对死亡牛的大脑进行病理组织学检查，若发现内基氏小体即可确诊。也可将病死牛的脑组织接种于小鼠，如果在接种后的6~14天内小鼠呈现步态不稳、四肢麻痹、全身震颤，最后死亡，即可确诊。

【预防措施】

1）控制和消灭传染源。捕杀野犬，对警犬、家犬及实验用犬进行登记，做好预防接种；发现患病动物、可疑动物和被狂犬咬伤的家畜时，应立即扑杀，进行无害处理。

2）预防接种。对兽医、养犬者，以及家犬、家猫进行定期预防接种，是防控本病的重要措施。常用的狂犬病疫苗是组织培养疫苗，如地鼠肾疫苗、胎牛肾疫苗、鸡胚细胞疫苗及人二倍体细胞疫苗等。动物常用的疫苗是弱毒 Flury 株疫苗和 Era 株疫苗，HEP-Flury 株（高鸡胚传代株）适用于各种动物，且副作用小。Era 株疫苗可混于食饵中口服，常用于野生动物免疫。

【治疗方法】 犬、猫和其他动物的狂犬病目前尚无特效治疗方法，一般采取扑杀后无害处理。

牛被犬咬伤后可立即用肥皂水反复洗伤口并用清水洗净，碘酊消毒，尽早注射疫苗，间隔 3~5 天注射 2 次，每次皮下注射量为 25~30 毫升/头。有条件的可在咬伤后注射狂犬病血清，剂量为 0.5 毫升/千克体重。若已发生狂犬病则应采取支持疗法和对症治疗。

四、伪狂犬病

伪狂犬病是由伪狂犬病病毒引起的一种急性传染病，以奇痒和脊髓炎为特征的人畜共患病。伪狂犬病被认为是对养猪业影响最大的病毒病，牛、绵羊、山羊、猫、犬和野生哺乳动物都是易感动物。发生于牛时称"疯痒病"。

【病原】 伪狂犬病病毒属于疱疹病毒科，呈球形，直径为 100~150 纳米。1902 年发现本病，曾将其误认为狂犬病，因此称为"伪狂犬病"。本病毒对外界环境的抵制力很强，一般在自然环境中可存活 5 年以上，在腐败条件下，病料中的病毒经 11 天才能失去感染力，在被污染的犬舍内能存活 1 个多月。但其对化学药品的抵抗力不强，常用消毒药如 0.5% 石灰乳、0.5% 盐酸、氢氧化钠、福尔马林等都能很快将其杀死，对漂白粉、甲醛溶液等消毒药的抵抗力也不强。

【流行与传播】 本病一般呈地方性流行，呈散发，多发生于冬、春两季。除各种年龄的猪、牛都易感外，在自然条件下可使羊、犬、猫、兔、鼠、水貂、狐等动物感染发病。实验动物如家兔、豚鼠、小鼠都易感，其中以家兔最敏感。也可经呼吸道及皮肤伤口感染，带有病毒的空气飞沫可随风传到 9 千米或更远的地方，使健康动物感染。被污染的饲料、饮水、粪便或带病毒的动物及其尸体也可传播本病。

病牛、带毒牛及带毒鼠是本病重要传染源。牛或其他动物感染多与带毒猪、鼠接触有关。感染动物通过鼻漏、唾液、乳汁、尿液等各种分泌物、排泄物排出病毒，污染饲料、牧草、饮水、用具及环境。本病主要通过消化道、呼吸道途径感染，也可经受伤的皮肤、黏膜及交配传染，或者通过胎盘、哺乳发生垂直传播。

【症状】 牛伪狂犬病潜伏期为 3~6 天，多呈急性病程，体温升高达 40℃ 以上。特征症状是出现强烈的奇痒，常见病牛用舌舔或口咬发痒部位，引起皮肤脱毛、充血甚至擦伤。奇痒可发生于身体的任何部位，多见于鼻部、乳房、后肢。剧痒使病牛狂躁不安，有时啃咬痒部并发出凄惨叫声，甚至将头在硬物上摩擦。病变部位肿胀、渗出带血的液体。后期病牛体质衰弱，呼吸、心跳加快，发生痉挛，卧地不起，最终昏迷。死前咽喉部发生麻痹，流出带泡沫的唾液及浆液性鼻液。多于发病后 1~2 天内死亡。犊牛病程更短。

【诊断方法】 根据症状和流行病学特征，可做出初步诊断。确诊需要进行实验室检查。

1）病毒分离和鉴定。取病牛脑组织、扁桃体，用 PBS（磷酸盐缓冲液）制成 10% 悬液或鼻咽洗液接种猪、牛肾细胞或鸡胚成纤维细胞，于 18~96 小时出现病变，有病变的细胞用苏木素-伊红染色，镜检可看到嗜酸性核内包涵体。

2）病理组织学检查。取病牛脑组织制成切片，苏木素-伊红染色，检查神经细胞、胶质细胞、毛血管内皮细胞的核内包涵体。

3）动物接种试验。取病料做成 10 倍稀释和乳剂，给家兔皮下或肌内注射 1 毫升。接种 2~3 天，兔注射部位出现痒觉。

4）血清学检测。中和试验、酶联免疫吸附试验、免疫荧光抗体试验和核酸检测技术等均可用于本病的检测。

 提示：

　　应注意本病与狂犬病的鉴别诊断。

【预防措施】 疫苗接种是防止本病发生流行的重要措施，目前国内主要应用灭活苗和弱毒苗预防本病。因此，疫区内的牛每年采用牛的伪狂犬病鸡胚细胞氢氧化铝福尔马林疫苗，每头牛颈部皮下注射 10 毫升，6~7 天后再注射 1 次，免疫期为 1 年以上；除在疫区进行疫苗接种外，非疫区应加强对引进动物的检疫，加强灭鼠，不喂被病鼠污染的饲料，猪、牛严格分开饲养，做好圈舍卫生消毒，从而控制本病的发生和传播。因本病能感染人，密切接触者在从业过程中也要做好个人防护。

一旦发现本病，应立即封锁、隔离、扑杀病牛。圈舍、用具等用2%热氢氧化钠溶液消毒。

【治疗方法】 目前无特效治疗药物，以对症治疗为主，即止痒、镇静、消炎。紧急情况下，用高免血清治疗，可降低死亡率。

第二节 细 菌 病

一、布鲁氏菌病

布鲁氏菌病简称布病，是由布鲁氏菌引起的人和多种动物共患的慢性传染病。本病广泛分布于世界各地，几乎所有国家都有发生。一般为隐性感染，病变多局限于生殖器官，主要表现为流产、不孕、不育、睾丸炎、附睾丸炎、乳腺炎、子宫炎和关节炎等症状。

【病原】 本病的病原为布鲁氏菌，本菌是需氧菌或微需氧菌，为革兰阴性的球杆菌或短杆菌，长 0.6~1.5 微米，宽 0.5~0.7 微米，常散在，无鞭毛，不形成芽孢，不能运动。国际上将布鲁氏菌属分为 7 个生物种，22 个生物型，我国已分离出 15 个生物型。各种型的毒力和侵袭力不同，这与其种型酶的活性和内毒素等有关。布鲁氏菌可以在普通培养基上生长，在马铃薯或肝汤培养基上生长旺盛，且在多数情况下不形成荚膜。

布鲁氏菌在自然环境中生命力较强，在发病动物的分泌物和排泄物及死亡动物脏器中能存活 4 个月左右，在鲜牛奶中存活最长可达 18 个月，在冻肉内存活 14~47 天，在腌肉中存活 20~45 天，在干燥土壤中存活 37 天，在水中可存活 20~120 天，在胎儿体内及阴暗潮湿的地方可存活 6 个月，在衣服、毛皮上也可存活 5 个月之久。阳光照射 4 小时或 60℃加热 30 分钟即可将其杀死，煮沸则立刻杀死。各种消毒剂，如 2% 石炭酸（苯酚）、5% 新鲜石灰乳、0.1% 福尔马林均可在几分钟内将其杀死。大多数抗生素都可有效杀死本菌，但青霉素的效果差。

【流行与传播】 本病多见于牧区，一年四季均可发病，春末夏初为发病高峰期。已知有 60 多种动物都易感染本病，如羊、牛、猪、鸡、鸭及许多野生动物等。传染源中以牛、羊、猪、犬最为重要，发病动物和带菌动物是本病的主要传染源。妊娠雌性动物是最危险的传染源，在孕期流产或分娩时，病原菌可随同流产胎儿、胎衣、羊水、子宫渗出物、乳汁、脓汁排出体外，污染饲草、饲料、饮水和周围环境。本病主要经皮肤、黏膜和眼结膜感染，其次经消化道感染。毛皮加工厂、屠宰厂等工作人员，还可以经呼吸道感染。健康牛主要经消化道、配种、损伤和未损伤的皮肤引起感染，吸血昆虫也能传播本病。病人也可以从粪、尿、乳向外排菌，但人传染人的病例少见。

【症状】　动物潜伏期长短不一，短者 2 周，长者可达半年。牛、羊、猪布鲁氏菌病症状基本相似，多数病例为隐性感染，症状不够明显。部分病畜出现关节炎、滑液囊炎及腱鞘炎，通常是个别关节（特别是膝关节和腕关节），偶尔见多数关节肿胀疼痛，呈现跛行，严重者可导致关节硬化、骨及关节变形。

布鲁氏菌主要侵害牛的生殖系统和关节，母牛表现为流产，公牛表现为睾丸炎。母牛流产多发生于妊娠期的后 5～8 个月，流产胎儿可能是死胎或弱犊。流产之后常发生胎衣滞留，不断从阴道排出污灰色或棕褐色的分泌物。乳腺受侵害时，轻者产奶量减少，重者乳汁发生明显变化，呈絮状或黄色水样；乳房皮温增高、疼痛、坚硬。

【诊断方法】　由于布鲁氏病临床症状多样，特异性又较少，必须结合临床和特异性实验室检查进行综合诊断。实验检查以细菌培养为阳性的意义最大，血清学检查常用试管凝集反应。因补体结合反应特异性强，需要时间较长，所以主要用于慢性期的诊断。

1）细菌学检查。取胎衣、绒毛膜水肿液、阴道分泌物、脓汁、腹水、胸水、胎儿胃内容物，以及病变的肝脏、脾脏和淋巴结等组织，制成涂片，进行革兰染色和沙黄（番红）-亚甲蓝染色法镜检，鉴别染色发现红色球杆菌或短小杆菌即可确诊。也可取上述病料接种到肝汤培养基上，并在培养基内加入结晶紫抑制杂菌的生长，7～10 天后通过凝集试验进行确诊。

2）免疫学试验。常用的有血清凝集试验、补体结合试验、2-巯基乙醇（2-ME）试验、酶联免疫吸附试验、人球蛋白试验、皮内变态反应等。此外，还有反向被动血凝试验、放射免疫、间接免疫荧光试验等。以上试验可根据条件和具体情况选择应用。

【预防措施】

1）预防接种。对能受到本病威胁的人员和动物进行预防接种。

2）切断传播途经。凡与动物或其产品接触的有关人员，在工作时应穿工作服，戴口罩、帽子和防护手套，工作完后应洗手和消毒，做好个人防护。加强动物宰前检疫和宰后检验，做到病、健分宰，对病动物肉无害化处理后才可出售，不能让未经无害化处理的肉和相关食品流入市场或用来喂犬。对屠宰加工企业产生的废弃物和污水一定要按规定处理，以防污染环境和水源。生鲜牛乳应经加工后再出售。加强对动物粪、尿排泄物的管理。参与诊治的人员，要注意自身防护。

3）控制和消灭传染源。引入动物应严格检疫，可疑动物应立即隔离，被污染的场所、用具及流产的胎儿、胎衣、羊水、粪尿等，均要进行严格消毒或深埋处理。对久治不愈的动物，要坚决淘汰并按规定处理。

【治疗方法】 采取净化措施，凡阳性病牛均应淘汰。但若病牛数量多，又有特殊价值，可在隔离条件下适当治疗。对流产伴发子宫内膜炎或胎衣不下的病牛，可用0.1%高锰酸钾溶液洗涤阴道和子宫。严重病例可用抗生素和磺胺类药物（如链霉素＋四环素或链霉素＋磺胺等）进行治疗。此外，应用低分子羊胸腺素、左旋咪唑、淋巴细胞转移因子等免疫调节制剂，以及黄芪等中药结合治疗，均可取得较好的疗效。

二、炭疽病

炭疽病是由炭疽芽孢杆菌引起的一种急性、热性、败血性人畜共患病。动物以败血症、脾脏显著肿大、皮下和浆膜下结缔组织出现胶样浸润、血液凝固不良及局部炭疽痈为特征。

【病原】 炭疽杆菌属于芽孢杆菌科、芽孢杆菌属，为革兰阳性需氧芽孢大杆菌，长3~5微米，宽1~1.2微米，两端钝圆，芽孢呈卵圆形。在患者血液中多为单个或成双，少数为3~5个菌体相连的短链，每个菌体都有明显的荚膜，荚膜具有抗吞噬作用和很强的致病性。培养物中的菌体则呈长链，像竹节样，一般条件下不形成荚膜。在患者体内的菌体不形成芽孢，但在体外接触了游离氧，气温又适宜时可形成芽孢。

菌体的抵抗力不强，60℃ 30~60分钟或75℃ 5~15分钟可将其杀死。一般浓度的消毒剂都可在短时间内将其杀死。一旦形成芽孢，成为炭疽芽孢杆菌后，其抵抗力很强，干燥状态下可存活几十年以上。干热150℃ 60分钟、高压蒸汽（121℃）15分钟、20%漂白粉液1~2天能将其杀死，若用5%碘酒、4%高锰酸钾、10%热氢氧化钠、10%甲醛溶液，在40℃ 15分钟时才能杀死芽孢杆菌。

【流行与传播】 发病动物是本病的主要传染源。濒死期病动物的血液、分泌物、排泄物中含有大量炭疽芽孢杆菌；病死动物尸体处理不当，则形成大量芽孢杆菌，污染土壤、水源、牧地，可成为长久的疫源地。病人的分泌物和排泄物同样具有传染性，所以人也是重要传染源。

本病可通过消化道、呼吸道、接触及吸血昆虫叮咬等途经传播。人或犬、鸟等动物常因采食被污染的食物、饮水，以及病动物的肉、奶而经消化道感染。在被污染的环境中采食及活动或被带菌的昆虫叮咬也可感染。有关人员可因屠宰发病动物、加工其毛皮，或接触被污染的水、土壤及其用具等而发生接触感染。经呼吸道感染在毛皮加工厂多见。

本病一般呈地方性流行，一年四季均可发生，但有明显的季节性，7~9月为发病高峰期，吸入型炭疽病多发生于冬、春季。

【症状】 动物患本病主要呈急性经过，多以突然死亡、天然孔出血、血呈酱油色不易凝固、尸僵不全、左腹膨胀为特征。

病牛体温升高常达41℃以上，可视黏膜呈暗紫色，心动过速、呼吸困难。呈慢性经过的病牛，在颈、胸前、肩胛、腹下或外阴部常见水肿；皮肤病灶温度增高，坚硬，有压痛，也可发生坏死，有时形成溃疡；颈部水肿常与咽炎和喉头水肿相伴发生，致使呼吸困难加重。急性病例一般经24~36小时后死亡，亚急性病例一般经2~5天后死亡。

【诊断方法】 根据流行病学和尸僵不全、天然孔出血等症状可做出初步诊断，确诊需要做细菌学和血清学检查。病料为患病动物的病灶分泌物、呕吐物、粪便、血液、水肿液、淋巴结及脊髓液等。

1）涂片镜检。用病料涂片，经瑞氏或姬姆萨氏染色、镜检，如果见单个或成双的有荚膜、菌端平直的粗大杆菌，结合临床症状可以做出初步诊断。需要继续进行细菌分离培养和鉴定，以便确诊。

2）细菌分离及鉴别。将新鲜病料接种于血琼脂平板或选择性平板做分离培养，通过直接观察和低倍镜观察挑取可凝菌落进行鉴别试验。鉴别试验有噬菌体裂解试验、串珠试验、动力试验、明胶液化试验和动物致病力试验等。

3）免疫学试验。常用的有琼脂扩散试验、补体结合试验、间接血凝试验和免疫荧光抗体染色技术等。

【预防措施】

1）免疫接种。在疫区，动物每年注射1次炭疽芽孢苗。人的预防接种一般是在疫情发生之后进行。但对易感人群每年接种1次，连续2~3年。

2）扑灭疫情。确诊为炭疽病后应立即报告疫情，封锁疫区，并进行隔离治疗。病动物尸体严禁解剖，应焚烧或深埋。所有排泄物、分泌物及各种污染物应一律烧毁，被污染的场所、用具等用5%~10%氢氧化钠溶液或20%漂白粉消毒。被污染的衣物用高压蒸汽或煮沸灭菌。屠宰中发现病动物时应立即停止生产，封锁现场，工作人员也要划定活动范围，不得随意走动。动物尸体和可能受到污染的产品用不漏水的工具运出车间，尸体销毁，可能受到污染的产品在6小时内经有效高温灭菌后再出厂。对现场进行彻底消毒。

3）切断传播途径。加强生产管理，防止受到污染。严格执行屠宰前的检疫和屠宰后的检验，杜绝病肉上市。毛皮加工前先进行有效消毒，毛皮加工厂应有良好的通风除尘设备，工作人员应穿工作服、戴口罩和手套。兽医、医务者、饲养员等应注意个人防护，避免受到感染。

【治疗方法】 动物患本病时，一般进行扑杀处理。

三、钩端螺旋体病

钩端螺旋体病又名细螺旋体病，简称钩体病。钩端螺旋体病是由致病性钩端螺旋体所引起的一种急性全身性感染性疾病，属于自然疫源性疾病，鼠类和猪是两大主要传染源。由于宿主种类多、菌型复杂、感染方式和临床类型繁多，故对动物和人的危害均较大。

【病原】 钩端螺旋体属于螺旋体科、细螺旋体属。菌体纤细，呈C形或S形，长6~20微米，宽0.1~0.2微米，有12~18个细密螺旋，一端或两端弯曲呈钩状，无鞭毛。用镀银染色呈黑色，姬姆萨染色呈红色。在暗视野下可直接观察其形态：菌体发亮似串珠，运动活泼、呈特殊的螺旋状。现常用免疫荧光和免疫酶染色观察。钩体是需氧菌，培养条件并不复杂，在含5%~20%兔血清的培养基、pH 7.2~7.4、28℃条件下需培养1~2周方能生长。

钩端螺旋体对外界抵抗力一般，对干燥、热、酸、碱和消毒剂都很敏感。日光直射2小时或60℃ 10分钟均可将其杀死。各种常规消毒剂10~30分钟均可将其杀死。在冷湿及弱碱性环境中生存较久，在河沟及水田中能存活数天至数月。在冷冻条件下可保持毒力数年。钩端螺旋体抗原结构复杂，致病性钩端螺旋体可分为血清群和血清型，各群之间多无交叉免疫力。

【流行与传播】 钩端螺旋体在动物的肾脏内生长繁殖，菌随尿排出污染水及土壤，带菌期动物排菌可长达数月至数年。病菌主要经皮肤、黏膜感染，还可以经消化道、胎盘、吸血昆虫（蜱、虻、蝇等）叮咬而感染，动物还可以经交配和人工授精感染。

人和几乎所有的温血动物都有不同程度的易感性。猪、牛、犬、羊、马、骆驼、兔、猫、鸡、鸭、鹅等家养动物，以及啮齿动物、野生动物等均可感染。感染发病或隐性感染后可获得特异性免疫，但免疫力大多只针对特殊菌型，因而可能会有其他菌群再次感染的机会。

本病一年四季均可发病，其中以夏、秋季为流行高峰，洪涝灾害的年份发病率升高。

【症状】 本病潜伏期为2～20天。牛感染钩端螺旋体一般呈隐性经过。少数发病牛可表现发热、食欲减退或停食，反刍停止，并发生腹泻、粪便带血、出现蛋白尿甚至血尿。病牛皮肤干裂、溃疡或坏死，口腔、鼻腔等黏膜也发生溃疡或坏死，并出现黄疸。病牛产奶量下降，乳汁黏稠或带血色。怀孕牛可发生流产。病牛可能长期带菌、排菌。

【诊断方法】 由于本病的症状和病变复杂，病原血清型众多，在发病季节、流行区内，易感者在2～20天内接触过疫水或病动物的排泄物，有典型或较典型临床症状，应考虑为本病。确诊需要实验室进行病原学和血清学检测。

（1）病原学检测

1）病料采集。于病牛发热期采集血液，发病中后期采集脊髓液和尿液，病死或濒死期采集肝脏、脾脏、肾脏、脑组织等作为病料。病料检查或处理最好在1～2小时内进行，最迟不超过3小时，以防组织中的钩端螺旋体发生自溶。

2）镜检观察。病料中菌体含量少，可先进行浓缩集菌处理。将病料沉淀物制成压滴标本，在暗视野显微镜下检查，可见运动活泼的菌体；也可用姬姆萨染色法染色或镀银染色进行检查。镜检病料（尿液）需采自未用过抗生素的病例。

3）分离培养。常用柯索夫培养基或8%兔血清磷酸盐缓冲液培养基，病料接种后置于25～30℃培养，5～7天做一次暗视野检查，观察有无钩端螺旋体生长。初次分离生长缓慢，常观察2个月才能做结果判定或废弃培养。也可用鸡胚或牛胚肾细胞进行培养。

4）动物接种。本方法是分离钩端螺旋体的敏感方法，尤其适用于有杂菌污染的标本。方法是将标本接种于幼龄豚鼠或金地鼠腹腔。接种后3～5天，可用暗视野显微镜检查腹腔液；也可在接种后3～6天取心血检查并做分离培养。动物死后解剖，可见皮下、肺部等有大小不等的出血斑，肝、脾脏器中有大量钩端螺旋体存在。

（2）血清学检测 血清学检测在钩端螺旋体病的诊断中具有重要价值，可用于菌型鉴定和检疫。常用的血清学检测方法有凝集溶解试验、补体结合试验、间接血凝试验、炭凝集试验及酶联免疫吸附试验等。

（3）分子生物学方法 采用同位素或生物素、地高辛标记的特异DNA探针法，检出标本中钩端螺旋体的特异性、敏感性均优于培养法，且可快速得出结果。若先用PCR技术将特异DNA片段进行扩增，再用探针确定，则灵敏度更加提高。如果单用DNA探针技术，可测出200条左右的钩端螺旋体，加用PCR扩增后，病原体检测限值可低至10条。

【预防措施】 平时防止饲料和水源污染，开展灭鼠活动，及时清理污水、淤泥，对污染的饮水、牧地、会场、用具等进行严格消毒，坚持免疫接种，可用钩端螺旋体多价菌苗；发病时可进行紧急免疫接种，常可在2周内控制疫情。

【治疗方法】 早发现、早诊断、早治疗、就地处理是本病的治疗原则。治疗牛钩端螺旋体感染有两种情况，一种是无症状带菌牛的治疗，另一种是急性、亚急性病牛的抢救。带菌治疗，一般认为链霉素和土霉素等四环素类抗生素有一定疗效。对于带菌牛，肌内注射牛用链霉素30~50毫克/千克体重，2次/天，或土霉素20~50毫克/千克体重，1次/天，均连用3~5天。对可疑感染牛，取土霉素按1~3克/千克饲料拌喂，连用7天。将四环素加入饲料中连续喂饲，可以有效地预防犊牛的钩端螺旋体感染。

第三节　寄生虫病

一、弓形虫病

弓形虫病又称弓形体病、弓浆虫病等，是由刚地弓形虫寄生于人、畜、鸟等多种动物引起的一种人畜共患寄生虫病。

【病原】 弓形虫属于孢子虫纲真球虫目弓形虫科弓形虫属。其生活周期需要2个宿主，中间宿主包括爬虫类、鱼类、昆虫类、鸟类、哺乳类等动物和人，终宿主则有猫等猫科动物。弓形虫的生活史分为5个阶段：①速殖期（滋养体），在有核细胞内迅速分裂占据整个宿主的细胞质，称为假包囊；②缓殖子期，在虫体分泌的囊壁内缓慢增殖，称为包囊，包囊内含数百个缓殖子；③裂殖体期，是由缓殖子或子孢子等在猫小肠上皮细胞内裂体增殖，形成裂殖子的集合体；④配子体期，包含大配子（雌）和小配子（雄），受精后形成合子，最后发育成卵囊（囊合子）；⑤子孢子期，指卵囊内的孢子体发育繁殖，形成 2 个孢子囊，然后每个孢子囊分化发育为 4 个子孢子。前 3 个阶段是无性繁殖，后 2 个阶段是有性繁殖。

弓形虫为细胞内寄生虫，根据虫体发育阶段的不同形态分为滋养体和包囊 2 个时期，出现在中间宿主体内（即除猫科以外的各种动物和人体内），裂殖体、配子体和卵囊 3 个时期只出现在终末宿主——猫科动物的体内。

不同发育期的弓形虫的抵抗力不同。滋养体对高温和消毒剂较敏感，但对低温有一定抵抗力，在 −8 ~ −2℃可存活 56 天。包囊的抵抗力较强，在冰冻状态下可存活 35 天，4℃存活 68 天，胃液内存活 3 小时，但包囊不耐干燥和高温，56℃加热 10 ~ 15 分钟即可被杀死。卵囊对外界环境酸、碱和常用消毒剂的抵抗力很强，在室温下可存活 3 个月，但对热的抵抗力较弱，80℃加热 1 分钟可丧失活力。

【流行与传播】 有 200 多种动物可以感染弓形虫，包括猫、猪、牛、羊、马、犬、兔、骆驼、鸡、鼠、狼、狐狸、野猪、熊等。人群普遍易感，胎儿和婴儿易感性比成人高，免疫功能缺陷或免疫受损患者比正常人更易感。

猫科动物为弓形虫的终末宿主和弓形虫病的重要传染源，含包囊或滋养体的动物肉也可成为传染源。人也可经胎盘垂直传播。弓形虫可经口、皮肤、黏膜及胎盘等途径侵入人或动物体。猫因摄入含弓形虫的缓殖子、包囊的动物脑和肌肉等组织而感染。人多因食入含有包囊的生肉或未煮熟的肉、被卵囊污染的食物或饮水而感染，也有的因食用患弓形虫病的畜禽生乳或生蛋后感染。其他动物多因相互捕食或摄入未煮熟的肉类而感染。

弓形虫卵囊孵育与气温、湿度有关，故常以温暖、潮湿的夏、秋季节多发。牛弓形虫病的发病季节十分明显，多发生在每年气温在 25 ~ 27℃的 6 月。

【症状】 牛感染后表现为突然发病，最急性者约经 36 小时死亡。病牛食欲废绝，体温升高至 40 ~ 41.5℃，呈稽留热，反刍停止；粪便干、黑，外附黏液和血液；流涎；结膜炎、流泪；脉搏增快，每分钟达120次；呼吸增快，每分钟达80次以上，气喘，腹式呼吸，咳嗽；肌肉震颤，腰和四肢僵硬，步态不稳，共济失调。严重者，后肢麻痹，卧地不起；腹下、四肢内侧出现紫红色斑块，体躯下部水肿；死前表现兴奋不安，吐白沫，窒息。病情较轻者，虽能康复，但会发生流产。病程较长者，可见神经症状，如昏睡、四肢划动。有的病例出现耳尖坏死或脱落，最后死亡。

【诊断方法】 病原学检测主要靠检出虫体而确诊，血清学检测常作为辅助诊断。

1）检查虫体。取病牛的血液、脑脊液、眼房水、淋巴结、肝、脑、肾及粪便或活组织穿刺物制成涂片，用姬姆萨染色，在镜下找到弓形虫。此方法简便，但检出率不高。也可将受检材料接种小白鼠或豚鼠腹腔内，1周后剖杀，取腹腔液，镜检滋养体，如果为阴性，应至少盲传3次。或者将待检样本接种于离体培养的单层有核细胞进行培养。动物接种分离法和细胞培养法是目前常用的病原学检测方法。

2）血清学检测。由于弓形虫虫体检查比较困难且阳性率不高，所以血清学检查是目前广泛应用的辅助诊断手段，比较常用的有染色试验、间接血凝试验、间接荧光抗体试验、酶联免疫吸附试验、免疫酶染色试验等。

除此之外，PCR和DNA探针等生物学诊断技术也开始用于本病的诊断。

【预防措施】

1）切断传染源。加强对人、家畜、家禽、实验动物、伴侣动物、经济动物和野生动物弓形虫病的检测，一旦发现阳性或可疑者应及时隔离治疗。

2）已发生过弓形虫病的奶牛场，应定期进行血清学检查，及时检出隐性感染奶牛，并进行严格控制，隔离饲养，用磺胺类药物连续治疗，直到完全康复为止。

3）坚持兽医防疫制度，保持牛舍、运动场的卫生，粪便应经常清除，堆积发酵后才能在地里施用；开展灭鼠工作，禁止养猫。

4）加强肉品检验和管理。强化畜禽屠宰加工中弓形虫的检验，发现病畜或其胴体和副产物必须予以销毁。在肉类的加工中应充分烧熟煮透，以杀灭肉中包囊。

5）积极开展宣传教育。注意个人饮食卫生，不食生肉、生蛋和未消毒的乳，防止猫粪便污染环境、食品、饮水和餐具等。

【治疗方法】 复方新诺明、磺胺嘧啶、乙胺嘧啶、螺旋霉素等药物对病牛或带虫者有一定疗效，两种药物联合应用可提高疗效。此外，适当配伍免疫增强剂，如左旋咪唑，可增强疗效。

二、隐孢子虫病

隐孢子虫病是由隐孢子虫引起的以腹泻为主要临床症状的人与动物共患病。隐孢子虫寄生于黏膜上皮细胞表面，主要引起哺乳动物消化道症疾，还可以引起禽类呼吸道疾病。

【病原】 隐孢子虫属于孢子虫纲真球虫目隐孢子虫科隐孢子虫属，是体积微小的球虫类寄生虫。目前发现的隐孢子虫的卵囊形态、大小略有差异，但基本相同。其卵囊呈圆形或椭圆形，直径为 4~6 微米，成熟卵囊内含 4 个裸露的子孢子和残留体。子孢子呈月牙形，残留体由颗粒状物和一些空泡组成。在改良的抗酸染色标本中，卵囊为玫瑰红色，背景为蓝绿色，对比性很强，囊内子孢子排列不规则，形态多样，残留体为暗黑（棕）色颗粒状。

隐孢子虫卵囊对外界环境的抵抗力强。只要卵囊的双层厚壁保持完整，在外界可存活 9~12 个月，且对多数消毒剂有抵抗力，但在干燥环境中 1~4 天可失去活力，0℃ 以下或 65℃ 以上灭活 30 分钟也可将其杀死，也可使用 10% 福尔马林或 5% 氨水或工业用漂白粉，5% 氨水加热至 65℃ 30 分钟可有效杀死卵囊。

【流行与传播】 本病流行广泛。隐孢子虫可寄生于 150 多种哺乳动物和 30 多种鸟类。在动物中，奶牛、黄牛、水牛、猪、绵羊、山羊、马、家禽及野生动物均可感染。隐孢子虫病患者、带虫者和感染者的粪便、呕吐物中都含有大量卵囊，而且多数在症状消失后仍有卵囊排出，可持续数天到 5 周，是主要传染源。本病的主要传播途径是经口感染。患者粪便中的卵囊污染了食物或饲料、饮水及环境，被易感者经口食入而感染。拥挤的环境或治疗过程中及非正常性交时，由于密切接触也可能感染。痰液中有卵囊者还可通过飞沫传播。

【症状】 哺乳动物隐孢子虫病感染表现为消化道症状。犊牛隐孢子虫病最早见于 4 日龄，最显著症状见于未断奶犊牛，主要症状为腹泻、昏睡、食欲不振、发热、脱水、体况较差等。自然感染的牛，腹泻粪样中在高峰期每克粪便卵囊数量高达 105 ~ 107 个，常并发或继发肠道病毒感染，加重消化道症状。此外，虫体还可寄生于皱胃，主要发生于青年牛和成年牛，导致奶牛产奶量显著降低，但一般不出现明显腹泻。通过粪便排出卵囊可持续几个月。

【诊断方法】 牛隐孢子虫感染一般呈隐性经过，无明显症状，但不断向外界排出卵囊。确诊需要实验室诊断。

（1）**病原学检测** 取病牛水样或糊样粪便、呕吐物或痰，直接涂片染色镜检，检出卵囊即可确诊，但要注意与环孢子虫及微孢子虫相鉴别。

（2）**免疫学检测**

1）粪便标本的免疫学检测。需采用与卵囊具有高亲和力的单克隆抗体。在间接荧光抗体试验的检测中，卵囊在荧光显微镜下呈明亮的黄绿色荧光，特异性高、敏感性好，适用于对轻度感染者的诊断和流行病学的调查。通过酶联免疫吸附试验检测粪便中的卵囊抗原，敏感性、特异性均好，无须显微镜。采用流式细胞技术对卵囊计数，可用于考核疗效。

2）血清标本的免疫学检测。常采用免疫荧光分析、酶联免疫吸附试验和酶联免疫印迹技术，特异性、敏感性均较高，可用于本病的辅助诊断和流行病学调查。

【预防措施】

1）防止患病者及带虫者的粪便污染食物或饲料、饮水及环境，注意加强粪便管理和个人卫生。

2）因卵囊对外界抵抗力强，患者用具必须用 3% 漂白粉液浸泡 30 分钟后再清洗。被污染的环境可用 10% 甲醛溶液和 5% 氨水消毒，可杀死卵囊。此外，65 ~ 70℃ 加热 30 分钟可杀灭卵囊。

【治疗方法】 隐孢子虫病至今尚无特效治疗药物，对患病动物多采取对症治疗。

第五章
生鲜乳质量安全与快速检测

　　自三聚氰胺事件之后，乳制品安全广受人们的关注，而生鲜乳作为生产乳制品的原料，其质量安全也是保证乳制品安全的基础。为了确保生鲜乳的安全，我国相继颁布了《中华人民共和国农产品质量安全法》和《中华人民共和国食品安全法》。近年来，经各级农业行政管理部门的共同努力，全面加强生鲜乳安全控制和监管工作，国内生鲜乳监测合格率逐年提升，国产奶放心喝的目标已经初步实现。2018年，我国生鲜乳抽检合格率为99.9%，比农产品总体抽检合格率高2.4%，比食品总体抽检合格率高2.3%。三聚氰胺等违禁添加物抽检合格率连续多年保持在100%。在当前深入推进农业供给侧结构性改革的大背景下，以确保安全为基础，全面提升国产奶质量，打造既安全又优质的国产奶优质品牌，已经成为新形势下我国奶业发展的重点。

　　生鲜乳是从符合国家有关要求的健康奶畜乳房中挤出的无任何成分改变的常乳。按照《食品安全国家标准　生乳》（GB 19301—2010）的规定，生乳的技术指标包括感官要求、理化指标、污染物限量、真菌毒素限量、微生物限量、农药残留限量和兽药残留限量七大类。其中，感官要求、理化指标属于质量指标，具体包括色泽、气味、冰点、相对密度、蛋白质、乳脂、非脂乳固体、杂质度、酸度等；污染物限量、真菌毒素限量、微生物限量、农药残留限量和兽药残留限量属于安全指标。据《全国食品药品科普状况调查（2017）》显示，农药兽药残留、非法添加有害物质等，是我国公众最为关注的食品安全问题。

第一节　兽药残留及其相关定义

　　兽药是指用于预防、治疗、诊断畜禽等动物疾病，有目的地调节其生理机能并规定作用、用途、用法、用量的物质（含药物饲料添加剂），包括血清、菌（疫）苗、诊断液等生物制品，兽用的中药材、中成药、化学原料药及其制剂，抗生素、生化药品、放射性药品。广义的兽药还包括为预防、治疗动物疾病而掺入载体或者稀释剂的兽药预混物，如抗球虫药物类、驱虫剂类、抑菌促生长剂类等，也就是我们常说的药物饲料添加剂。兽药残留及相关定义主要有以下几个方面。

1）兽药残留是"兽药在动物源食品中的残留"的简称，根据联合国粮农组织和世界卫生组织食品中兽药残留联合立法委员会的定义，兽药残留是指食品动物用药后，动物产品的任何可食用部分中所有与药物有关的物质的残留，包括药物原形或（和）其代谢产物。

2）总残留是指对食品动物用药后，动物产品的任何可食用部分中药物原形或（和）其所有代谢产物的总和。

3）最大残留限量是指对食品动物用药后，允许存在于食物表面或内部的该兽药残留的最高量/浓度（以鲜重计，表示为克/千克）。

4）食品动物是指各种供人食用或其产品供人食用的动物。

5）动物性食品是指供人食用的动物组织，以及蛋、奶和蜂蜜等初级动物性产品。

6）可食性组织是指全部可食用的动物组织，包括肌肉、脂肪，以及肝、肾等脏器。

7）副产品是指除肌肉、脂肪以外的所有可食组织，包括肝、肾等。

8）可食下水是指除肌肉、脂肪、肝、肾以外的可食部分。

9）肌肉仅指肌肉组织。

10）休药期是指食品动物最后一次给药至许可屠宰或其产品（肉、蛋、奶等）许可上市的间隔时间。部分药物的休药期见附录中的附表1。

11）奶是指由正常乳房分泌而得，经一次或多次挤奶，既无加入也未经提取的奶。此术语也可用于处理过但未改变其组分的奶，或根据国家立法已将脂肪含量标准化处理过的奶。

12）弃奶期是指奶牛从停止给药到它们所产的奶许可上市的间隔时间。部分药物的弃奶期见附录中的附表1。

第二节 兽药残留超标及其危害

随着畜牧业的发展，饲养和防治疾病的科学技术水平也在提高，人们开始广泛应用药物防治疾病或用作饲料添加剂，以促进动物生长。但动物接受药物治疗或食入饲料添加剂后，会不可避免地产生药物在动物体内残留。养殖人员对科学合理使用兽药知识的缺乏及一味地追求经济利益，致使滥用兽药现象时有发生，极易造成动物性食品中兽药残留超标。主要包括：①对于允许作治疗用，但不得在动物性食品中检出的兽药（表5-1），在动物性食品中不得检出，否则属于兽药残留超标；②对于食品动物中禁止使用的药品及其他化合物（表5-2），在动物性食品中不得检出，否则属于兽药残留超标；③对于已规定动物性食品中最大残留限量的兽药（见附录中的附表2），兽药残留量不得大于最大残留限量，否则属于兽药残留超标。

表5-1　允许作治疗用，但不得在动物性食品中检出的兽药

药　　物	动物种类	靶　组　织
氯丙嗪	所有食品动物	所有可食组织
地西泮（安定）	所有食品动物	所有可食组织
地美硝唑	所有食品动物	所有可食组织
苯甲酸雌二醇	所有食品动物	所有可食组织
甲硝唑	所有食品动物	所有可食组织
苯丙酸诺龙	所有食品动物	所有可食组织
丙酸睾酮	所有食品动物	所有可食组织
赛拉嗪	产奶动物	奶

表5-2　食品动物中禁止使用的药品及其他化合物清单

序号	药品及其他化合物名称
1	酒石酸锑钾
2	β-兴奋剂类及其盐、酯
3	汞制剂：氯化亚汞（甘汞）、醋酸汞、硝酸亚汞、吡啶基醋酸汞
4	毒杀芬（氯化烯）
5	卡巴氧及其盐、酯
6	呋喃丹（克百威）
7	氯霉素及其盐、酯
8	杀虫脒（克死螨）
9	氨苯砜
10	硝基呋喃类：呋喃西林、呋喃妥因、呋喃它酮、呋喃唑酮、呋喃苯烯酸钠

（续）

序号	药品及其他化合物名称
11	林丹
12	孔雀石绿
13	类固醇激素：醋酸美仑孕酮、甲基睾丸酮、群勃龙（去甲雄三烯醇酮）、玉米赤霉醇
14	安眠酮
15	硝呋烯腙
16	五氯酚酸钠
17	硝基咪唑类：洛硝达唑、替硝唑
18	硝基酚钠
19	己二烯雌酚、己烯雌酚、己烷雌酚及其盐和酯
20	锥虫砷胺
21	万古霉素及其盐、酯

兽药残留是动物性食品中最重要的污染源之一，与动物性食品安全息息相关。兽药残留对养殖业可持续发展会造成严重影响，给动物性食品安全造成了隐患。一旦发生食品安全问题，会威胁到人民群众的生命安全和社会安全，给消费者和社会造成不可挽回的损失，甚至会引发种种社会不稳定因素。兽药残留的危害主要包括以下几种。

① 一般毒理作用。兽药残留的浓度通常很低，发生急性中毒的可能性较小，长期摄入残留超标的动物性食品常引起慢性中毒。

氯霉素能导致严重的再生障碍性贫血，并且其发生与使用剂量和频率无关。人体对氯霉素较动物更敏感，婴幼儿的代谢和排泄机能尚不完善，对氯霉素最敏感，可出现致命的"灰婴综合征"。氯霉素在组织中的残留量能达到每千克 1 毫克以上，对食用者威胁很大。已有儿童服用 2 毫克氯霉素和老年妇女使用氯霉素眼膏后死亡的报道。所以，氯霉素已被禁止用于食品动物。

四环素类药物能够与骨骼中的钙结合，抑制骨骼和牙齿的发育。大环内酯类的红霉素、泰乐菌素易发生肝损害和听觉障碍。氨基糖苷类药物如链霉素、庆大霉素和卡那霉素主要损害前庭和耳蜗神经，导致眩晕和听力减退。磺胺类药物能够破坏人体的造血机能。长期接触有这些药物残留超标的动物性食品，可能有害健康，引起慢性中毒。

② 特殊毒性作用。一般指致畸、致突变、致癌和生殖毒性等作用。雌激素、砷制剂、喹噁啉类、硝基呋喃类和硝基咪唑类药物等都已证明有"三致"作用，即致癌、致畸、致突变，许多国家都禁止用于食品动物，一般要求在食品中不得检出。苯丙咪唑类药物是一种广谱抗寄生虫药物，通过抑制细胞活性，可杀灭蠕虫及虫卵，这类药物能干扰细胞的有丝分裂，具有明显的致畸作用和潜在的致癌、致突变作用。喹诺酮类药物是一类新型广谱抗菌药，药效高、毒性低，在国内养殖业中用量很大，这类药物主要影响原核细胞 DNA 的合成，但个别品种已在真核细胞内显示出致突变作用。磺胺二甲嘧啶等一些磺胺类药物在连续给药中能够诱发啮齿动物甲状腺增生，并具有致肿瘤倾向。链霉素具有潜在的致畸作用。以上这些药物的残留超标，将严重影响人类的健康。

③ 变态反应。一些抗菌药物如 β- 内酰胺类、磺胺类、氨基糖苷类和四环素类抗菌药物能引起变态反应。β- 内酰胺类抗生素使用广泛，其代谢和降解产物具有很强的致敏作用。喹诺酮类药物也可引起变态反应和光敏反应。轻度的变态反应仅引起荨麻疹、皮炎、发热等，严重的导致休克，甚至危及生命。

④ 对胃肠道微生物的影响。在正常情况下，人体的胃肠道存在大量菌群，且互相拮抗、制约维持平衡。如果长期接触抗菌药物残留超标的动物性食品，部分敏感菌群受到抑制或被杀死，耐药菌或条件性致病菌大量繁殖，微生物平衡遭到破坏，将会引起疾病的发生，损害人类的健康（图 5-1）。

⑤ 诱导耐药菌株。抗菌药物的广泛使用，特别是在饲料中长期亚治疗剂量添加易于诱导耐药菌株。细菌的耐药基因位于质粒上，能在细胞质中进行自主复制，既可以遗传，又能通过转导在细菌间进行转移和传播。关于人和动物之间耐药质粒的传递问题，一直存在争论，但已有实验证实了耐药基因可以在人和动物之相互传递，即动物源的耐药菌株可以向人传播。另外，人们长期接触有抗菌药物残留超标的动物性食品，也会直接诱导人体内的耐药菌株。

⑥ 影响奶制品品质。原料牛奶中残留有抗生素，会对发酵乳中发酵菌种的繁殖产生抑制作用，使其无法完全发酵或者发酵出现异常，而对酸乳、黄油、干酪的发酵及后期风味的形成产生严重影响，造成奶制品产量、质量及口感变差，给生产者造成经济损失。

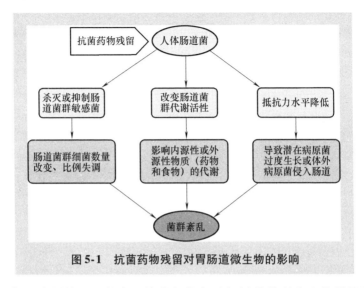

图 5-1　抗菌药物残留对胃肠道微生物的影响

⑦ 激素样作用。激素及其类似物主要包括甾体激素和非甾体类物质。甾体激素，可根据其甾体母核的不同分为雄激素、雌激素、孕激素和糖皮质激素等，其中的雄激素、雌激素和孕激素属于性激素，糖皮质激素属于肾上腺皮质激素；也可根据其来源分为内源性天然激素和合成（包括半合成）类激素，合成的非甾体类物质如二苯乙烯类衍生物，包括己烷雌酚、己烯雌酚、双烯雌酚等。此外，植物源性的雷索酸内酯类雌激素类似物如玉米赤霉醇等，通常也涵盖在兽用激素的范围内，20 世纪 70 年代前，许多国家将其作为畜禽促生长剂。肝、肾和注射或埋植部位常有大量同化激素存在，被人食用后可产生一系列激素样作用，如潜在的致癌性、发育毒性（儿童早熟）、女性男性化和男性女性化。另外，磺胺二甲嘧啶的激素样作用也在研究中。

⑧ 生态环境毒性。兽药及其代谢产物通过粪便、尿等进入环境，由于仍具生物活性，对周围环境有潜在的毒性，会对土壤微生物、水生生物及昆虫等造成影响，这是近年来国内外研究的热点。阿维菌素类药物对低等水生动物、土壤中的线虫和环境中的昆虫均有较高的毒性作用。同化激素随排泄物进入环境成为环境激素污染物，如污水中 1 纳克/升的雌二醇即能诱导雄鱼发生雌性化。抗球虫药常山酮对水生动物（如鱼、虾）有很强的毒性。另外，进入环境中的兽药被动植物富集，然后进入食物链，同样危害人类的健康。有机磷和有机氯杀虫剂常用来驱杀动物

的体内和体外寄生虫，排泄物中的有机磷杀虫剂对生态环境的危害性很高，而有机氯杀虫剂在环境中能长期存在，易被动植物富集并具有"三致"作用。已烯雌酚、氯羟吡啶在环境中降解很慢，能在食物链中高度富集，影响人类的健康。

⑨ 危害奶制品的国际贸易。随着人们对食品安全的重视，兽药残留正在成为国际食品贸易中最易引发贸易冲突的敏感问题，严重制约我国奶制品的出口和增收，不仅使我国蒙受了巨大的经济损失，也使我国奶制品丧失了良好信誉，严重影响了奶制品的出口贸易。兽药残留已经成为国际贸易中的非技术性贸易壁垒和绿色壁垒（图5-2），使我国奶制品的出口面临更加激烈的竞争环境。不能很好地控制兽药残留，奶制品的出口贸易将困难重重。

图5-2　出口商品因"绿色壁垒"而受阻

第三节　兽药残留超标的原因

生鲜乳中兽药残留超标的原因很多，但主要是由于不合理用药引起的。常见的原因主要有以下几个方面。

一、不遵守休药期的规定

未能正确遵守休药期是兽药残留超标的主要原因。食品动物在使用

兽药后，为使可食性组织或其产品（蛋、奶）中残留的兽药有足够的时间排除，国家规定了兽药在用于不同动物时的休药期。达不到休药期时，将导致动物组织中的药物残留超标。不同的药物有不同的休药期，相同的药物不同的生产厂家，其休药期也可能不同。部分药物的休药期和弃奶期见附录中的附表1。广大养殖户应科学合理使用兽药，遵守休药期的规定，从而达到控制兽药残留超标的目的。

二、非法使用违禁药物

未经批准的药物一般没有准确的用法、用量和休药期规定，使用后产生残留超标难以避免。在饲料中随意添加某些违禁药物，或者在饲料中添加某些没有在标签（说明书）中注明品种和浓度的药物，造成重复用药，导致兽药残留超标。

为进一步规范养殖用药行为，保障动物源性食品安全，农业农村部公告第 250 号修订了食品动物中禁止使用的药品及其他化合物清单（表5-2），食品动物中禁止使用的药品及其他化合物以本清单为准。

根据《兽药管理条例》《饲料和饲料添加剂管理条例》有关规定，按照《遏制细菌耐药国家行动计划（2016—2020 年)》和《全国遏制动物源细菌耐药行动计划（2017—2020 年)》部署，为维护我国动物性食品安全和公共卫生安全，农业农村部公告第 194 号决定停止生产、进口、经营、使用部分药物饲料添加剂，并对相关管理政策做出以下调整。

自 2020 年 1 月 1 日起，退出除中药外的所有促生长类药物饲料添加剂品种（包括土霉素预混剂、土霉素钙预混剂、亚甲基水杨酸杆菌肽预混剂、那西肽预混剂、杆菌肽锌预混剂、恩拉霉素预混剂、喹烯酮预混剂、黄霉素预混剂、维吉尼亚霉素预混剂），兽药生产企业停止生产、进口兽药代理商停止进口相应兽药产品，同时注销相应的兽药产品批准文号和进口兽药注册证书，此前已生产、进口的相应兽药产品可流通至2020 年 6 月 30 日。自 2020 年 7 月 1 日起，饲料生产企业停止生产含有促生长类药物饲料添加剂（中药类除外）的商品饲料，此前已生产的商品饲料可流通使用至2020 年 12 月 31 日。

为保障动物产品质量安全和公共卫生安全，农业农村部组织开展了部分兽药的安全性评价工作。经评价，认为洛美沙星、培氟沙星、氧氟沙星、诺氟沙星 4 种原料药的各种盐、酯及其各种制剂可能对养殖业、人体健康造成危害或者存在潜在风险。所以，根据《兽药管理条例》第六十九条规定，在食品动物中停止使用洛美沙星、培氟沙星、氧氟沙星、诺氟沙星 4 种兽药，撤销其兽药产品批准文号。自 2015 年 9 月 7 日起，除用于非食品动物的产品外，停止受理洛美沙星、培氟沙星、氧氟沙星、诺氟沙星 4 种原料药的各种盐、酯及其各种制剂的兽药产品批准文号的申请。自 2015 年 12 月 31 日起，停止生产用于食品动物的洛美沙星、培氟沙星、氧氟沙星、诺氟沙星 4 种原料药的各种盐、酯及其各种制剂，涉及的相关企业的兽药产品批准文号同时撤销。自 2016 年 12 月 31 日起，停止经营、使用用于食品动物的洛美沙星、培氟沙星、氧氟沙星、诺氟沙星 4 种原料药的各种盐、酯及其各种制剂。

三、滥用药物

不按照兽医师处方、药物标签和说明书用药。每种兽药的适应证、给药途径、用量、疗程等均有明确的规定，但有的使用者随意加大剂量、延长用药时间或同时使用多种药物，造成兽药残留超标。乳腺炎是奶牛的常见病，在我国治疗本病的常规方法是采用抗生素直接注入患牛乳房，反复使用抗生素，会使耐药菌株增加，这又促使临床兽医在治疗过程中加大抗生素的用量，从而造成生鲜乳中抗生素残留超标。

四、抗菌药物非法用于动物性食品

有一些养殖户为了保证原奶质量或者满足原奶收购中的某些指标（如细菌总数），非法在原奶中添加抗生素，如在牛奶中非法添加青霉素和链霉素来抑制牛奶的酸败及细菌的大量繁殖，从而导致生鲜乳中兽药残留超标。

五、奶牛治疗病历中用药记录不全

没有使用兽药名称、用量、疗程、休药期等记录，甚至没有治疗奶牛的病历。

六、兽药残留检测能力不足

养殖企业缺乏快速的检测条件，缺乏对动物性食品兽药残留的有效监控。

第四节　控制兽药残留超标的主要措施

控制生鲜乳中兽药残留超标，保证食品安全，是关系人们身体健康的大事，是一项系统工程，更是一项长期而艰巨的任务。需要从饲养观念的改变、饲养管理水平的提高、科学合理使用兽药、加大政策法规的执行力度、完善兽药残留监控体系等多层次、多环节入手，严格把关，才能收到良好的成效，其具体措施如下。

一、加强奶牛的选育工作

选育产奶量大、抗病力强的优良奶牛品种，保证奶牛免疫力强、发病率低。选育体格健壮、身体匀称、发育良好的青壮年奶牛，将体弱多病、年老的奶牛及时淘汰。使奶牛发病率下降，要从根本上减少兽药的使用，避免兽药残留超标。

二、加强奶牛饲养管理，改变饲养观念

采用先进的饲养管理技术，创造良好的饲养环境，根据奶牛的生长阶段、泌乳情况合理配制日粮。特别是对泌乳牛，应充分保证其日粮营养全面、精粗饲料搭配合理、维生素含量丰富，要保证有充足的清洁饮水，应尽量减少各种应激因素，夏季做好防暑降温工作，要保持通风良好；冬天做好防寒保暖工作；牛舍内还要有充足的光照。饲养密度要合理。避免突然更换饲料或变换生活环境等。增强动物机体的免疫力，实施综合卫生防疫措施，降低泌乳期的奶牛患乳腺炎、子宫内膜炎等疾病的发病率，减少兽药的使用。

三、加强挤奶卫生管理，降低乳腺炎发病率

减少抗菌药物的使用，避免兽药残留超标。良好的挤奶操作是预防隐性乳腺炎的重要措施。挤奶员要勤剪指甲、勤洗工作服。挤乳前，挤奶员双手要清洗干净，用消毒液（0.1%过氧乙酸、0.1%新洁尔灭等）消毒双手；接触牛奶的各种器具使用前必须彻底清洗、消毒；将牛体刷拭干净，并用50℃清洁温水彻底洗净乳房。手工挤奶时，应正确掌握拳握式压榨法挤奶；机械挤奶时，要认真做到乳杯与被挤乳头相匹配。先挤健康牛，后挤病牛。患乳腺炎的牛，要用手挤，不能上机械。乳腺炎乳应收集于专门的容器内，集中处理。

四、加大宣传力度

充分利用各种媒体的宣传力度，重点对奶牛养殖户和生鲜乳收购企业进行教育培训，并结合相关的生鲜乳兽药残留事件和案件对其进行警示，使其充分认识到兽药残留对人类健康和生态环境的危害，意识到加

强兽药残留检测的重要性。广泛宣传和介绍科学合理使用兽药的知识，督促养殖场建立养殖档案，按照国家规定正确使用兽药，全面提高广大养殖户的科学技术水平，使其能自觉地按照规定使用兽药和自觉遵守休药期，严格执行弃奶期奶的无害化处理。对牛奶进行定期和不定期抽样、检测，严禁兽药残留超标的牛奶进入市场。

五、加强兽药管理

监督企业依法生产和经营兽药，加大查处生产与经营假劣兽药与非法添加兽药的力度，禁止不明成分与所标成分不符的兽药进入奶牛养殖环节。规模化奶牛养殖场要对所购买的兽药进行检查和检测，发现假劣和非法添加兽药要立即停止使用，并将情况报告当地兽医行政管理部门。加大对饲料生产企业的监控，严禁使用农业农村部规定以外的兽药作为饲料添加剂。

六、严禁使用违禁药物

为了保证动物性食品的安全，我国兽医行政管理部门制定并发布了食品动物禁用的兽药及其他化合物清单（表5-2）。兽医师和食品动物饲养场均应严格执行这些规定。

七、充分利用中药制剂

应用微生态制剂、酶制剂及多糖等高效、低毒、低残留的制剂来防病、治病，是解决兽药残留超标的另一途径。微生态制剂能调节奶牛胃肠道菌群平衡，防治动物消化道疾病，提高奶牛的免疫力。中草药添加剂不易产生耐药性，也能调节和提高机体免疫力。养殖企业在预防和治疗动物疾病时，在保证疗效的情况下，应尽量使用中草药制剂。

八、严格执行休药期和弃奶期规定

兽药残留产生的主要原因是没有遵守休药期和弃奶期规定。所以，严格执行休药期和弃奶期规定是减少兽药残留的关键措施。部分药物的休药期和弃奶期见附表1。药物的休药期受剂型、剂量和给药途径的影响。同一药物同一剂型因不同厂家生产工艺不同，其休药期和弃奶期也有差别；超剂量使用兽药、联合用药时，由于药物代谢动力学（简称药动学）的相互作用、动物的肝肾功能等都会影响药物在体内的消除时间，兽医师和其他用药者对此应有足够认识，必要时要适当延长休药期，以保证生鲜乳的安全。

九、坚持用药记录制度

避免兽药残留必须从源头抓起，严格执行兽药使用的记录制度。兽医及养殖人员必须对使用兽药的品种、剂型、剂量、给药途径、疗程或给药时间等进行记录，以备检查和溯源。强化兽药使用监管，严格执行处方药和执业兽医师制度，指导正确使用兽药，遵守休药期规定，避免因片面追求养殖生产效率而出现盲目超剂量、超疗程等不合理使用兽药的现象。对食品动物，严禁不按标签说明书用药，任何标签外用药均可能改变药物在动物体内的动力学过程，延长药物在动物体内的消除时间，使食品动物出现潜在的药物残留超标问题。

十、实施残留监控计划

我国于 1999 年启动动物及动物产品兽药残留监控计划，2004 年建立了残留超标样品追溯制度。十余年来，我国残留监控计划逐步完善，检测能力和检测水平不断提高，残留监控工作取得长足进展。实践证明，全面实施残留监控计划是提高我国动物性食品质量、保证消费者安全的重要手段，关系到我国动物性食品能否进入国际市场，是控制残留问题的重要措施。

十一、配置先进准确的兽药残留检测条件

寻求简便、快速、准确、敏感性高的检测方法，使用简便、快速、准确的检测方法开展现场检测，有利于从源头控制兽药残留。

十二、科学、合理地使用兽药

应最大限度地发挥药物在预防、治疗或诊断疾病等方面的有益作用，同时尽量使药物的有害作用减到最低程度。有害作用包括对靶动物的不良反应、对动物性食品消费者的危害、对使用兽药人员及生态环境的危害等。以下是合理用药必须注意的几个主要问题。

1. 正确诊断

药物合理应用的前提条件是正确诊断。对动物发病的原因、病原和病理学过程要有充分了解，才能做到科学、合理用药。各种病毒性感染，如果没有继发细菌感染，不宜用抗菌药物；对于真菌感染，也不宜用抗菌药物；因为目前多数抗菌药物对病毒和真菌无作用。

2. 熟悉药物的药动学特征

药物除静脉注射没有吸收过程外，无论以何种途径给药，都要发生

吸收、分布、生物转化和排泄的动力学过程。药物的作用或效应取决于作用部位的浓度，对于抗菌药物血药浓度至少大于最小抑菌浓度（MIC）。临床试验表明，对轻、中度感染，其最大稳态血药浓度宜超过MIC 的 4~8 倍，而重度感染则应在 8 倍以上。每种药物有其特定的药动学特征，如半衰期、生物利用度等都有所差异，同时还受动物种属、疾病类型及给药方案的影响。只有熟悉药物在靶动物的动力学特征及其影响因素，才能做到正确选药并制定合理的给药方案，达到预期的治疗效果。例如，脑部细菌感染可以选择磺胺嘧啶，是因为该药在脑脊液中浓度较高；若碱性药物在乳中的浓度高于血浆，有利于乳腺炎的治疗。

3. 药物的治疗作用和不良反应

临床使用药物时，可能产生多种药理或生理效应，对动物恢复健康有利的效应称为药物的治疗作用，对动物机体不利的效应称为不良反应（包括副作用和毒性作用）。在防治动物疾病时，要分析使用药物的利弊，采取措施使药物在发挥治疗作用的同时，尽量减少或消除不良反应。有些不良反应如变态反应等是不可预期的，可根据动物反应的具体情况采取相应的防治措施。

4. 正确处理对因治疗和对症治疗的关系

对因治疗是针对疾病发生的原因，对症治疗则是针对疾病的症状。一般情况下，首先要做对因治疗，选择使用消除病因的药物。例如，动物的呼吸系统感染由细菌引起，主要症状是体温升高、呼吸困难（咳、喘）。对这类疾病不必急于使用解热药或镇咳祛痰药，首先应选择使用抑制或杀灭病原菌的抗菌药，病因消除后，症状一般会随之消失。如果是由病毒引起的感染，目前尚缺乏有效的抗病毒药物，则应注意防治继发或并发的细菌性感染。当然，也不能千篇一律，有时也要对因与对症治疗同时进行。例如，发生急性肺炎时，严重的呼吸困难和高热会影响动物的抵抗力，加重病情，甚至引起动物死亡，此时，应同时使用对因治疗和对症治疗的药物，这样"标本兼治"可使动物更快恢复健康。对于危及动物生命的症状，如心跳骤停、呼吸衰竭等，则首先要选择维持生命机能的药物对症治疗或支持疗法，然后再进行对因治疗。

5. 注意药物的配伍禁忌

两种以上药物混合使用时，可能发生体外的相互作用，产生药物中和、水解、破坏失效等理化反应，可能出现浑浊、沉淀、产生气体及变色等外观异常的现象，称为配伍禁忌。临床混合使用两种以上药物时应

十分慎重。

6. 注意药物吸收时的相互作用

药物吸收过程的相互作用主要在胃肠道发生。例如，胃中大量充盈的食物可稀释药物，影响其吸收；pH 改变将影响药物的解离和吸收，如拟胆碱药可加快胃排空和肠蠕动，使药物迅速排出而吸收不完全；抗胆碱药如阿托品等则减少胃排空速率，减慢肠蠕动，可使吸收速率减慢，峰浓度较低，同时使药物在胃肠道停留时间延长，增加药物的吸收量。

7. 注意药物分布上的相互作用

药物在分布上的相互作用主要是由药物竞争血浆蛋白的结合部位而产生的。因为药物与血浆蛋白结合是可逆的，蛋白亲和力较高的药物可以置换亲和力较低的药物。如果在血浆发生蛋白高度结合（大于80%）的药物被其他亲和力较高的药物置换，则可使其在血浆中游离药物的浓度显著提高，从而增加出现毒性的危险。

8. 注意药物生物转化时的相互作用

药物在生物转化过程中的相互作用主要表现为酶的诱导和抑制。许多中枢抑制药包括镇静药、抗惊厥药等均有酶诱导作用，如苯巴比妥能显著诱导肝微粒体酶的合成，提高其活性，从而加速自身或其他药物的生物转化，降低药效。但是也可能增加毒性代谢物的生成，从而使毒性增强。相反，一些药物如糖皮质激素等能使药酶抑制，使药物的代谢减慢，提高血浆中药物浓度，使药效增强。

9. 注意药物排泄时的相互作用

如果同时使用丙磺舒与青霉素，由于丙磺舒竞争近曲小管的主动分泌，可使青霉素的排泄减慢，提高血浆中的青霉素浓度，延长半衰期。能影响尿液 pH 的药物，可使另一种药物的解离度发生改变，从而影响其在肾小管的重吸收，如用碳酸氢钠碱化尿液可加速水杨酸盐的排泄，用氯化铵酸化尿液则可加速碱性药物的排泄。

10. 注意药物药效学的相互作用

同时使用两种以上药物，由于药物效应或作用机制的不同，可使总效应发生改变，称为药物效应动力学（简称药效学）的相互作用。两药合用的效应大于单药效应的代数和，称为协同作用，如青霉素与链霉素合用可产生协同作用；两药合用的效应等于它们分别作用的代数和，称为相加作用，如四环素类和磺胺类合用可产生相加作用；两药合用的效应小于它们分别作用的和，称为拮抗作用，如 β-内酰胺类抗生素与快速抑菌剂四环素类等合用可能产生拮抗作用。临床上常利用协同作用以加强药效，如磺胺类与抗菌增效剂 TMP 合用；利用拮抗作用以减少或消除不良反应，如用阿托品可以对抗有机磷杀虫剂的副交感神经兴奋症状。另外，不良反应也能出现协同作用，如头孢菌素的肾毒性可因合用庆大霉素而增强。一般来说，用药种类越多，不良反应发生率也越高。所以临床上应避免同时使用多种药物，尤其要避免使用固定剂量的联合用药，因为会使兽医师失去根据动物病情需要去调整药物剂量的机会。

11. 制定周密的给药方案

选择抗菌药物治疗养殖场动物发生的感染性疾病时，在用药前要尽可能做药敏试验，能用窄谱抗生素的就不用广谱抗生素。对于食品动物，严禁标签外用药，即在给药途径、剂量、疗程、种属、适应症方面应与批准药物的标签说明一致。给药方案包括给药的剂量、频率（间隔时间）、途径和疗程。给药剂量是指对动物一次给药的数量，应按《兽药使用指南》来确定。给药频率是由药物的药动学、药效学决定的，每种药物或制剂有其特定的作用持续时间。给药途径主要受制剂的限制，如片剂、胶囊供内服；注射用混悬剂只能皮下、肌内注射，不能静脉注射；对于奶牛子宫内膜炎和乳腺炎，最好采用局部给药。药物的疗程，有的疾病经单次给药或短期治疗便可恢复或治愈，但许多疾病必须反复多次给药一定时间（数天、数周甚至更长时间）才能达到治疗效果。对于细菌感染性疾病，一定要有足够的疗程，如抗生素一般需用 2~3 天为 1 个疗程，磺胺类则要求 3~5 天为 1 个疗程。不能在动物体温下降或病情稍有好转时就停止给药，否则会导致疾病复发或诱导细菌产生耐药性，给后来的治疗带来更大的困难。

第五节　兽药残留快速检测技术

控制动物性食品中的药物残留任重而道远，该问题的解决，除指导临床科学合理使用兽药和提高养殖技术水平外，建立兽药残留快速检测技术和方法是有效监控食品安全的关键。利用快速检测技术监控牛奶中的兽药残留，可以有效防止问题牛奶进入市场，避免产生危害。同时，也可以利用快速检测技术监控个体奶牛，避免造成更多经济损失。

根据不同检测技术所基于的原理不同，快速检测技术主要分为四类：免疫学快速检测技术、理化快速检测技术、微生物学快速检测技术和分子生物学检测技术。免疫学快速检测技术是基于抗原-抗体特异性反应的检测方法，一般可分为酶联免疫吸附法（ELISA）、胶体金免疫层析法（GICA）、化学发光、荧光偏振、量子点等。理化快速检测技术是指借助物理、化学的方法，使用某种测量工具或仪器设备对食品所进行的检验，主要分为化学比色法和生物学发光检测技术。微生物学快速检测技术是指在规定条件下选用适当微生物测定某物质含量的方法，快速、简便、灵敏度高，在医药、食品等工业中广泛应用，可分为生长抑制法、酶抑制法和生化分析。分子生物学是从分子水平上阐明遗传、生殖、生长和发育等生命特征的分子机理，从而为利用和改造生物奠定理论基础和提供新手段的一门学科。分子生物学检测技术主要有生物传感器技术、生物芯片技术、生物发光技术和聚合酶链式反应。

免疫学检测技术是目前最常用的快速检测方法，具有常规理化分析技术无可比拟的特异选择性和高灵敏度，常适用于复杂基质中的痕量组分的分析。临床常用的兽药残留快速检测方法主要包括酶联免疫吸附法和胶体免疫层析法，这两种方法与液相色谱-质谱等仪器确证方法的比较见表5-3。

表5-3 免疫学检测和仪器确证方法的比较

方 法	优 点	缺 点	适 用 范 围
液相色谱-质谱等	灵敏、准确、可靠性好	检测费用高，操作烦琐耗时，人员要求很高	省部级以上检测机构及一定规模的食品进出口企业
酶联免疫吸附法	灵敏、快速、成本低，可大批量同时检测，既能定性也能定量，一般检测时间为1~2小时	对检测人员要求较高	市县级以上检测机构及一定规模的食品生产加工企业
胶体金免疫层析法	灵敏、快速、成本低，可现场大批量筛查，样品无须或仅做简单前处理，检测时间为2~3分钟，判断快速简单，对场所和人员无要求	有假阳性和假阴性的可能	乡镇级以上检测机构及食品生产加工企业

一、酶联免疫吸附法

酶联免疫吸附法（ELISA）可以用于疫病诊断，商品化的疫病检测试剂盒见附录中的附表3。目前商品化的兽药残留检测酶联免疫吸附试剂盒见附录中的附表4。

(1) 酶联免疫吸附法的优点 ①快速,全过程 30～120 分钟;②操作简单,不需要复杂仪器;③廉价,单个成本极低;④成批量检测;⑤稳定性好,可长期保存;⑥检测标本种类多。

(2) 酶联免疫吸附法的操作流程 见图 5-3。不同的产品,会有区别,一般按照产品说明书操作就可以。但在 ELISA 操作中需注意以下问题。

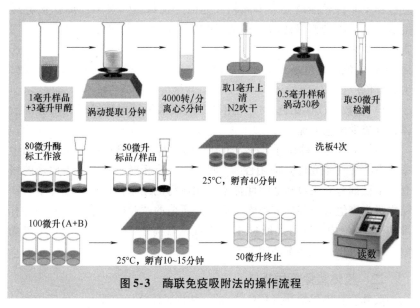

图 5-3 酶联免疫吸附法的操作流程

1) 材料。材料的选择最为关键,一些试剂在配制后不宜放置过久,如稀释液、包被液、缓冲液等只能满足一个阶段试验的要求;但有些试剂(如显色液)必须现配现用。因此,在进行试验之前,必须制订详细的计划,严格按照计划操作,尽可能减少对试验结果的影响。

2) 加样。在操作过程中最多的是加样,涉及每一步骤。目前加样一般都使用微量加样器,按规定的量加入板孔中。加样时首先注意应将所加物加在板孔底部,避免加在孔壁上部,不可溅出,不可产生气泡。在加入不同物质时应更换吸嘴,以免发生交叉污染。

3) 稀释。在整个操作过程中,包被抗原、血清、抗体、酶标二抗等都需要稀释，可以说稀释关系到检测的精确性。在稀释过程中，要注意使用同一类产品，即同一微量加样器、吸嘴和容器，保证所稀释液体容量一致。

4）孵育。实验室常用的孵育温度一般为37℃与4℃（冰箱温度）。酶标板不宜叠放，以保证各板的温度能迅速平衡。

5）洗涤。在ELISA过程中，洗涤虽不是一个反应步骤，但也决定试验的成败。ELSIA是靠洗涤达到分离游离的和结合的酶标记物的目的，以清除残留在板孔中未与固相抗原或抗体结合的物质，以及在反应过程中非特异性地吸附于固相载体的干扰物质。聚苯乙烯等塑料对蛋白质的吸附是普遍性的，在洗涤时应把这种非特异性吸附的干扰物质洗涤下来。

6）显色。显色是ELISA中的最后一步反应，这时酶催化无色底物，生成有色产物。

7）读数。读板比色前应先用洁净的吸水纸拭干酶标板底附着的液体，以减少比色干扰。

ELISA作为一种筛选方法，个别项目中样本检测存在一定的假阳性率，不存在（不允许）假阴性。"假阳性"是相对于阳性样本而说的概念，指试剂盒方法对确证阴性样本检测所得的结果是阳性。当样本检测结果吸光度值大于零标准吸光度值时是所谓的"超阴"情况，若在零标准的120%以内，则可判断样本为阴性，若高于120%，则检测结果无效，需要分析引起样本超阴的原因。

二、胶体金免疫层析法

胶体金免疫层析法（GICA）是一种将胶体金标记技术、免疫检测技术和色谱分离技术等多种方法有机结合的固相标记免疫检测技术。它以条状纤维色谱材料为固相，将特异的抗体交联到试纸条上和有颜色的物质上，试纸条上有一条保证试纸条功能正常的控制线和一条或几条显示结果的测试线，当抗体和特异抗原结合后，再和带有颜色的特异抗原进行反应时，就形成了带有颜色的三明治结构，并且固定在试纸条上。如没有抗原，则没有颜色。利用微孔膜的毛细管作用，使滴加在膜条一端的液体慢慢向另一端渗移，如同层析一般。

GICA技术操作方便，不需要任何仪器，只需将GICA检测条插入待测样本即可，而且样本基本不需要做前处理（可以是组织液、血清和尿液等）；检测试纸条体积小；检测结果易于判定，GICA 检测条的阴性、阳性反应带呈色很明显，肉眼很容易判断；灵敏度高，特异性好；而且速度快，一般只需 5~10 分钟。不足之处是由于抗原抗体的反应专一性，针对每种待测物都要建立专门的检测试剂和方法，为该方法的普及带来难度。另外，胶体金免疫层析法也可以用于疫病诊断，商品化的疫病检测胶体金试纸条见附录中的附表 5。

胶体金试纸条的结构，见图 5-4。样品垫具有过滤和缓冲作用，能降低样本离子强度或酸碱度对检测结果的干扰；将胶体金标记抗体固定在金标垫上，目标物首先在此与金标抗体反应；NC 膜预先包被测试线（T 线）和控制线（C 线），与胶体金标记物通过免疫反应相结合，使胶体金颗粒在测试线发生聚集；吸水垫通过层析作用使样品垫、金标垫上的抗体移动。

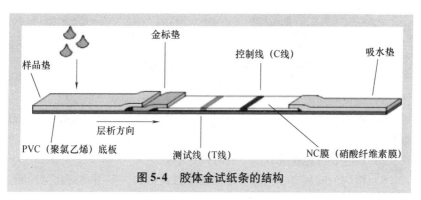

图 5-4　胶体金试纸条的结构

1. 胶体金免疫层析法的操作流程和注意事项

由于该技术具有简便、快速、特异、灵敏等诸多优点，而被主要应用于妊娠检测、病原体抗原或抗体检测、疾病相关蛋白检测及动物疫病诊断中，具有巨大的发展潜力和广阔的应用前景。胶体金免疫层析法的操作流程见图 5-5。

胶体金免疫层析法操作时的注意事项如下。

1）做试验一定不要着急，要慢而且细心。

2）开封后的试纸条，每次取出试剂时一定要第一时间把袋子的口封好（因为试纸条特别容易吸水）。

3）在做试验的时候手不要碰微孔的边缘。

4）做试验要使用量程为 200 微升的移液枪。

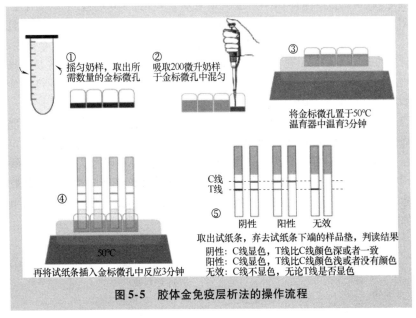

① 摇匀奶样，取出所需数量的金标微孔

② 吸取200微升奶样于金标微孔中混匀

将金标微孔置于50℃温育器中温育3分钟

④

50℃

再将试纸条插入金标微孔中反应3分钟

C线
T线

⑤

阴性　阳性　无效

取出试纸条，弃去试纸条下端的样品垫，判读结果
阴性：C线显色，T线比C线颜色深或者一致
阳性：C线显色，T线比C线颜色浅或者没有颜色
无效：C线不显色，无论T线是否显色

图5-5　胶体金免疫层析法的操作流程

5）做试验之前要把奶样摇匀。

6）在用移液枪吸取奶样时要把枪头润洗一两次，保证取样量是200微升。

7）白色和红色微孔在混合的时候一定要混匀。

8）混匀的时候直接用移液枪慢慢吹打就可以，不用在微孔里转圈。在白色微孔中混匀，用移液枪吹打7次以上。

9）白色微孔温育完成后从温育器上取下，用移液枪吹打白色微孔边缘黏附的奶样，将白色微孔里的奶样全部移到红色微孔里。

10）每次吹打完的枪头在扔掉之前看一下枪头内是否残存有奶样，如果有残存也要打进微孔里，尽量减少因为操作造成的奶样损失。

11）如果奶样转移不完全，比较容易出现假阳性的结果。

2. 胶体金试纸条常见问题分析

由于胶体金试纸条标记的反应物多数是抗体等蛋白物质，其对热的稳定性不佳，因此保存试纸条的最佳条件是4℃阴凉避光干燥处。在使用过程中也尽量先做样品的采集和预处理，然后再打开试纸条的包装，并且要做到开封即用。免疫胶体金试纸条如果是在4℃冰箱中存放的，在试验操作之前应提前将试纸条回温到室温（25℃）后再进行加样。如果样品吸收过慢，可以待样品部分吸收后再逐次滴加。如果是在实验室检测，则建议使用加样器加样。禁止加完样品后拿着试纸条左右翻看。胶体金试纸条常见问题如下。

1）T线浅或没有，样本的假阳性率高。其原因有：①样本差异性，不同地区的样本之间差异性可能比较大；②人为操作，样本前处理未按照说明书操作；③检测卡失效；④温度过低；⑤产品有问题，T线包被浓度低，或者生产时未完全干燥，发生降解。

2）阳性样本检验不出，假阴性率高。其原因有：①混淆同一产品的不同型号；②未使用规定配套的稀释液；③试剂失效；④加样量未按照说明书中的要求；⑤未在规定时间内读取结果；⑥产品有问题，未达到检测的灵敏度。

3）不同批次或同一批次之间阴性样本T线颜色深浅不一致，平行性不好。其原因有：①不同批次的保存条件、原材料批次之间的差异，生产时存在仪器误差，但是一般不影响试验结果；②同一批次出现该问题的概率不大，但是操作或是样本差异性也可能导致该问题出现。

4）显色时间不一致。其原因有：①对于需要前处理的样本，前处理的操作差异性也易造成该问题出现；②对于长期保存的检测卡，由于NC（硝酸纤维素）膜长期保存时，膜水分挥发变得疏水，影响液体在膜上的流速，可能影响显色时间，甚至影响检测结果。

5）无C线。其原因有：①某些产品需要有2个金标垫，包装时一个金标垫的丢失易造成该问题出现；②生产时C线未标记上。

6）加样后液体无法正常上吸到吸水垫处。其原因有：①加样量过少；②未按照说明书中的要求进行稀释；③未使用配套的稀释液。

第六章
粪污处理要点

奶牛场粪污主要来源于牛排泄的粪尿、清洗牛舍的废水和冲洗挤奶厅的废水等。随着我国奶牛养殖机械化、规模化发展，奶牛养殖粪污排放相对集中，处理不当会严重影响生态环境。

第一节　养殖污染防治基本原则及粪污处理模式

一、养殖污染防治基本原则

1. 减量化原则

鉴于我国奶牛养殖场由粗放型向集约型转变，由小规模向大规模转变，以及粪污排放相对集中的特点，在养殖污染防治上，首先应强调减量化原则，即通过养殖结构调整及开展清洁生产，减少奶牛粪污的产生量。可从养殖场生产工艺改进入手，采用"雨污分流""固液分离""饮排分离"等手段减少粪污排放量，降低污水中的污染物浓度，从而降低处理难度及处理成本，同时使固体粪污的肥效得以最大限度保留。也可从饲喂的角度出发，通过改进饲料加工方法、采用低蛋白日粮或在饲料中添加蛋白酶等手段，提高奶牛对饲料营养物质的消化率和吸收率，以减少奶牛粪尿的排泄量和氮磷的产生量。

2. 资源化原则

资源化利用是畜禽粪便污染防治的核心内容，就是将粪便由废弃物变成资源，使之肥料化、能源化。畜禽粪便含有农作物所必需的氮、磷、钾等多种营养成分，奶牛粪便还有纤维素含量高、质地松软等特点，将固液分离后的固体粪便进行好氧发酵无害化处理，用于回填牛床、做有机肥或食用菌基质都是很好的资源化利用方式。据测算，通过资源化利用，存栏1500头奶牛的养殖场每头奶牛每天可节约垫料费用0.5元，每年可节约27万元。自有种植用地的养殖场可将发酵好的牛粪用作有机肥或食用菌基质，可获得更高的经济价值。粪污进行厌氧消化后产生的沼气，可作为能源加以利用。

养殖场可结合自身实际情况，因地制宜地选择合理的粪便处理和利用方式。

3. 无害化原则

畜禽粪便在资源化利用时必须注意无害化问题。因为畜禽粪便中含有病原体、抗生素、重金属，易带来潜在的危害，因此在利用前必须符合"无害化"标准，使之在处理过程中与利用时不会对畜禽的健康产生不良影响，不会对作物栽培产生不利的因素，排放的污水和粪便不会对地表水和地下水构成危害。

4. 生态化原则

解决畜禽养殖业污染的根本出路是确立经济、环保、可持续发展的思路，发展生态型畜牧业，将畜禽养殖业纳入大农业，实现种养结合，全盘规划，以地控畜、以农养牧、以牧促农，实现系统生态平衡，并在畜禽粪污治理上实现就地吸收、消纳，降低污染，保护环境。

畜禽粪便堆肥是养殖业粪污生态化利用的良好例证。畜禽粪便堆肥可获得优质的有机肥料，其中含有大量有机物、氮、磷、钾及微量元素等作物必需的营养物质，还含有各种生物酶和微生物，可提高土壤肥力，改良土壤结构，并能维持农作物优质高产，从而实现生态系统的良性循环。

二、畜禽粪污处理模式

目前，我国规模化畜禽养殖场处理粪污常见的模式有能源模式、能源—环保模式、环保模式、生态工程模式等。能源模式是以厌氧处理获取沼气为核心的大中型畜禽养殖场的能源工程。能源—环保模式是农业农村部倡导的，以厌氧消化制取沼气为核心，并结合环保要求的处置与利用方式，这是在农村沼气工程的基础上形成的一种模式，主要对象是户用沼气和简单的综合利用。环保模式是环保部门倡导的以预处理、厌氧、好氧、后处理等手段使污水处理后达标排放的方式，但由于畜禽粪污有机物浓度高、处理难度大、投资大，推广存在一定的难度。生态工程模式是利用生态工程技术将畜禽粪污处理与资源化利用结合起来的模式，既解决环境污染问题，又充分利用资源。规模化畜禽养殖场可根据本场污染物处理要求及粪污处理出路，选择相应的处理模式。

天津市规模奶牛场多采用生态工程模式处理粪污，其流程见图6-1。

奶牛舍内采用干清粪工艺，具有节水、减排、污水中有机物浓度低等优点。场内基本都安装了固液分离机，固液分离可降低污水中有机物浓度，从而降低后续生物处理的负荷，达到减小污水处理构筑物容积、减少占地面积、降低投资成本的目的。固液分离后的固体物质和干清粪进行好氧高温发酵，处理后的发酵物料可用于回填牛床、生产有机肥等。固液分离后的污水处理方式主要有3类：沉淀储存后作为肥料用于农田（占比约20%）、厌氧消化+稳定塘（占比约40%）、厌氧消化+活性污泥或其变形工艺（占比约40%）。污水厌氧消化产生的沼气通过净化处理后可作为燃料进行发电、冬季供暖等，特别是冬季气温低的时候可对进入消化罐的原料进行预加热。厌氧消化处理后的沼渣可作为肥料用于农田，沼液经稀释后可作为液态肥用于农田，还可以经好氧处理及深度处理并消毒后作为清洗水加以回用。

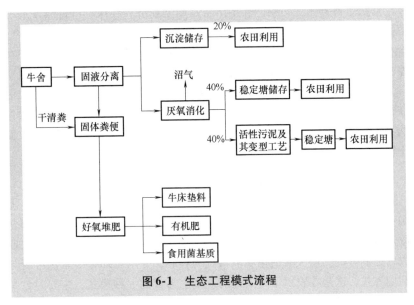

图6-1 生态工程模式流程

图6-1中固体粪便好氧堆肥、污水厌氧消化及后处理3个环节的影响因素及要点在后续各节中进行介绍。

第二节 畜禽粪便高温好氧堆肥工艺

好氧高温发酵是好氧微生物利用畜禽粪便等有机废物中的营养物

质，在适宜的碳氮比、温度、湿度、通气量和 pH 等条件下大量生长繁殖，在发酵的过程中降解有机物，同时达到脱水、灭菌的目的。在好氧发酵过程中，好氧菌大量消耗碳源和氮源，同时产生大量的热能，使堆肥产生高温。

好氧高温发酵对有机物分解快、降解彻底、发酵均匀；发酵温度高，一般在 55~65℃，高的可达 70℃以上；脱水速度快，脱水率高，发酵周期短，发酵完成后，畜禽粪便含水量从 70%~80% 降至 30%~40%；杀灭病菌、寄生虫（卵）和杂草种子，除臭效果好。

一、堆肥的影响因素

1. 含水量

发酵物料含水量在 55%~65%（按重量计）是最适宜的，水分在堆肥物料中移动时，也会带着菌体向四周移动扩散，使堆肥分解腐熟均匀。水中溶解的有机物还会为微生物提供必需的营养，为微生物的繁殖提供条件。奶牛新鲜干清粪便含水量在 80% 左右，可通过自然晾晒适当降低含水量，或通过添加锯末、粉碎后的秸秆等辅料降低含水量。

物料含水量可以用挤压测试的方法进行简单估计，即用手将物料攥紧后放开，若物料成形、潮湿，稍有水渗出，但并不成滴滴下，这种情况物料含水量较为合适；若物料松散不成形，表明物料含水量过低；若在挤压物料时，水成滴滴下，则表明物料含水量过高。

发酵物料含水量超过 70%，会阻塞堆肥物料间的空隙，影响通风供氧，易形成厌氧而产生腐败臭气；含水量介于 35%~40% 之间，堆肥微生物的降解速率显著下降；含水量在 30% 以下，降解过程会完全停止。

2. 温度

堆肥温度是微生物活动状况的标志，堆体温度的高低决定堆肥速度的快慢、堆肥周期的长短。温度的变化反映了堆肥过程中微生物活性的变化。一方面，这种变化与堆肥中可被氧化分解的有机物含量成正比。无论何种物料的堆肥，其温度通常在开始的 3~5 天可从环境温度迅速上升至 60~70℃的高温，并在这一温度水平维持一段时间后逐渐下降。当其趋近于环境温度时，表明有机物的分解接近完全，堆肥可被认为已达稳定。另一方面，畜禽粪便等有机固体废物中通常含有大量致病微生物，如致病性大肠杆菌（O157）、病毒和寄生虫等，直接影响堆肥使用的安全性，但这些致病微生物对温度非常敏感，当堆肥的温度在 55~65℃、

维持 5~10 天以上时，可杀死大多数病原菌。

3. 通风供氧

堆肥内的通气状况直接影响堆肥有机物的分解速度。堆肥中保持适当的空气，有利于好氧微生物的繁殖和活动，促进有机物的分解。通风还可调节堆体的温度，同时使堆肥物料的水分蒸发，达到降低含水量的目的。在堆肥前期通风，是为好氧微生物提供生存环境；中期通风，是为维持微生物活动，以保持堆体温度；后期通风，起冷却、降低堆体含水量的作用。

堆肥过程中合适的氧含量为 15%，最低为 5%。氧含量高于 15%，通气量过大，堆体易散热冷却；氧含量低于 5%，容易使堆肥厌氧而产生恶臭。一般通过添加辅料、控制堆积的松紧程度和堆内的水分含量来调节堆肥内的空气量。在堆肥体积比较大，或者发酵原料较难分解的情况下，应通风沟和通气筒。还可以采用先松后紧的方法，以达到快速腐熟和保氮的效果。一般堆肥通风供氧有 3 种方式，包括翻堆供氧、表面扩散供氧、风机强制通风供氧。

4. 碳氮比（C/N）

堆肥过程中，碳元素是微生物的基本能量来源，也是微生物细胞构成的基本材料。堆肥微生物在分解含碳有机物的同时，还利用部分氮元素来构建自身细胞体。氮还是构成细胞中蛋白质、核酸、氨基酸、酶、辅酶的重要成分。微生物每消耗 25 克有机碳，需要吸收 1 克氮元素，因此微生物分解有机物较适宜的碳氮比（C/N）为 25:1 左右。发酵物料的 C/N 通常控制在（20~40）:1 的范围内即可。

C/N 过高，导致微生物生长繁殖所需的氮元素不足，微生物繁殖速率低，有机物分解速度慢，发酵时间长，并且还会导致堆肥产品 C/N 高，施入土壤后易造成土壤缺氮，从而影响作物生长发育。C/N 过高，还会引起堆体升温后温度随即快速下降的情况。

C/N 过低，导致微生物生长繁殖所需的能量不足，发酵温度上升缓慢，氮过量并以氨气的形式释放，氮损失增大，有机肥成品肥效降低，还会散发难闻的气味。因此，合理调节堆肥原料的 C/N，是加速堆肥腐熟的有效途径。

通常畜禽粪便 C/N 较低，奶牛粪便 C/N 一般为（10~18）:1，秸秆粉、草炭、蘑菇菌渣等的 C/N 较高，可将两类物料按比例进行混合，以获得适宜的 C/N。

5. pH

pH 是一个可以对微生物环境进行评估的参数，多数堆肥微生物适宜在中性及偏碱性环境中生长繁殖，真菌适宜生长的 pH 为中性偏酸。通常堆肥初期有机酸积累，pH 会下降，从而有利于真菌的生长及木质素、纤维素的降解，随着有机酸进一步被降解，pH 逐渐升高，细菌和放线菌的繁殖会逐渐加强。在整个堆肥过程中，pH 随时间和温度的变化而变化。在一般情况下，堆肥过程中的 pH 有足够的缓冲能力，能稳定在可以保证好氧分解的酸碱度水平。

然而，当堆肥体变成厌氧状态时，有机酸的积累可使 pH 降低到 4.5 以下，这时会严重影响微生物的活动，通常可以通过通风增氧将堆肥 pH 调节到正常范围。当堆肥 pH 大于 10.5 时，多数细菌活性降低。

6. 其他

物料粒径、有机物含量及碳磷比（C/P）也是影响堆肥发酵的因素。粒径越小，物料的比表面积越大，微生物与发酵物料接触面积越大，有机物的分解速率会越快。因此，在发酵物料预处理时应将结块的畜禽粪便尽量打散，将秸秆等辅料切成 1~2 厘米的小段或进行粉碎处理。

堆肥原料的有机物含量应保证在 20%~80% 之间，有机物含量低，发酵过程中所产生的热量将不足以维持堆肥所需要的温度，并且堆肥产品肥效低。但过高的有机物含量又将给通风供氧带来影响，从而产生厌氧和发臭。奶牛粪便等常规发酵原料均能满足该要求。

磷是构成生命的重要元素，同时也会影响成品有机肥的品质，一般要求发酵物料的 C/P 在（75~150）:1 之间。

二、好氧堆肥工艺简介

1. 人工堆肥

将畜禽粪便混合切段或粉碎后的秸秆、锯末、蘑菇菌渣等辅料，控制混合发酵料的含水量在 55%~65%，搅拌均匀后堆垛，料堆高 1.5 米左右，一般呈山峰状或长条状，也可以结合场地条件堆成其他形状。不要压实，保证有一定的孔隙度，可用麻袋、草苫盖好，以免阳光直射和水分蒸发过快。经 24~48 小时后进行翻堆，注意监测堆温，当堆温达到 65℃左右时要及时进行翻堆。堆体高温维持时间应在 5~10 天，不宜过短。当堆温逐渐降至环境温度时，表明发酵过程结束，此时堆肥外观呈褐色或灰褐色，粒状或粉状，质地均匀无恶臭。

此法投资小、易操作、成本低，但处理规模小、占地大、堆肥周期长，且易受天气影响，在堆肥过程中易造成环境污染，氨挥发严重，异味大。

2. 机械化堆肥生产工艺

机械化好氧堆肥工艺通常由前（预）处理、主发酵（一级发酵或一次发酵）、后发酵（二级发酵或二次发酵）、后处理、脱臭和储存等工序组成。

以畜禽粪便为主要原料进行堆肥时，由于其含水量过高，预处理的主要任务是调整水分和碳氮比，有时需添加菌种和酶制剂，以促进发酵过程正常进行。堆肥物料温度从升高到开始降低为止的阶段，称为主发酵阶段，发酵时间为 4～12 天。后发酵阶段即堆肥腐熟阶段，进一步分解主发酵后半成品中尚未被分解的有机物，使之变成腐殖酸、氨基酸等较稳定的有机物，得到完全成熟的堆肥制品。物料堆高 1～2 米，通常不进行通风，每周翻堆 1 次，发酵时间通常为 20～30 天。在后处理中经过分选工序去除杂物，并根据需要进行再干燥、破碎、造粒，之后打包装袋。堆肥工艺各工序都有臭气产生，去除臭气的方法主要有化学除臭剂除臭、物理吸附除臭、生物除臭等。此外，堆肥一般在春、秋两季使用，夏、冬两季生产的堆肥只能储存，所以要建立可储存 6 个月生产量的库房，直接堆存在二次发酵仓中或装袋保存，要求干燥而透气。

好氧发酵工段有各种模式，根据原料、生产规模、场地、环保要求、自动化水平、投资等条件，来设计维持堆体的好氧状态。根据堆料（垛）形态和翻拌形式，堆肥系统类型分为静态堆垛发酵堆肥、条垛式翻堆发酵堆肥、槽式堆垛翻堆发酵堆肥和搅拌式反应器发酵堆肥，见表 6-1。

表 6-1　堆肥系统类型

类　　型		翻拌方式	通风方式	设施、设备
静态垛堆发酵堆肥	开放式	不翻拌	自然通风	堆料场地；铲车
	隧道式	不翻拌	强制通风	堆料隧道；鼓风机、排风机
	覆膜式	不翻拌	强制通风	堆料场地；覆盖膜、卷膜机、鼓风机、传感器、控制系统

（续）

类　　型	翻拌方式	通风方式	设施、设备
条垛式翻堆发酵堆肥	定期翻拌	自然通风	堆料场地；人工驾驶翻堆机或电动翻堆机
槽式堆垛翻堆发酵堆肥	定时翻拌	强制通风	发酵槽；槽式翻抛机、鼓风机、进出口送料系统
搅拌式反应器发酵堆肥	定时搅拌	强制通风	塔式；立式搅拌发酵罐、卧式滚筒发酵罐等

（1）静态堆垛发酵堆肥（图6-2）　将发酵原料堆放在用小木块、碎稻草或其他透气性能良好的骨架材料做成的通气层上，通气层中设穿孔通风管，用鼓风机在堆垛后的20天内强制通风，此后静止堆放2~4个月即可完全腐熟。堆垛形式与条垛式翻堆发酵堆肥类似，不进行物料翻拌，有开放式、隧道式和覆膜式等主要形式。

图6-2　覆膜式静态堆垛发酵堆肥工艺

（2）条垛式翻堆发酵堆肥（图6-3）　将堆肥物料堆成条垛式，断面可以是梯形、不规则四边形和三角形，垛底宽2~6米、高1~3米，长度不限，最常见的尺寸为底宽3~5米、高2~3米。最佳尺寸可根据气候条件、翻堆设备、堆肥原料进行调整。条垛式翻堆发酵堆肥通过定期翻拌来实现堆体中的有氧状态，发酵周期为1~3个月。堆肥场地表面必须坚固和有坡度，采用坚硬的材料（沥青或混凝土）时，场地表面坡度不小于1%；采用不够坚硬的材料（砾石和炉渣）时，其

坡度应不小于 2%。

图6-3　条垛式翻堆发酵堆肥

（3）槽式堆垛翻堆发酵堆肥（图6-4）　首先进行堆肥原料的预处理，通过预混调质机将畜禽粪便与秸秆等辅料自动称量并充分混合调质，按堆肥要求合理调整物料碳氮比、含水量和孔隙度，然后将混合物料堆放在堆肥车间里的发酵槽内进行好氧发酵。采用槽式翻抛机进行翻抛搅拌，槽底铺设管路强制通风曝气。一般堆肥20~30天即可腐熟，达到无害化要求。

图6-4　槽式堆垛翻堆堆肥发酵

（4）搅拌式反应器发酵堆肥（图6-5）　搅拌式反应器发酵堆肥是使堆肥物料在一个或几个密闭的反应器即发酵装置（如发酵仓、发酵塔等）内，控制通风和水分条件，使物料进行生物降解和转化，也称发酵仓堆肥。搅拌式反应器发酵堆肥系统设备占地面积小，机械化和自动化程度较高，能进行很好的过程控制，堆肥过程不受气候条件影响。由于反应器是密闭的，废气容易收集处理，可以防止环境的二次污染，但投资和运行维护费用很高。

图 6-5　搅拌式反应器发酵堆肥

三、堆肥过程调控

进入发酵过程后，堆肥的水分（水）、通透性（气）、温度（温）便成为关键控制因素，所以通常将水、气、温称为堆肥三要素，三者相互影响，相互关联，概括表述为：通透性调节是基础，水分调节是关键，温度调节是保证。

1. 水分

不同物料因理化特性存在差异，适宜发酵的水分含量是不一样的，同时温度、湿度等环境因素也会对其产生影响。通常情况下，水分偏低或偏高会导致堆肥堆体温度急剧上升，形成"烧白"，或发酵温度居高不下；水分过低或过高时，往往会不升温，即无发酵温度产生。关于堆肥物料的水分控制和调整应遵循以下一般原则。

1）南方地区适当调低，北方地区适当调高。南方地区空气湿度大，物料水分蒸发量小，所以物料水分相对于北方来说应调低点。

2）雨季适当调低，旱季适当调高。这主要也是考虑到空气湿度对水分蒸发量的影响。

3）低温季节适当调低，高温季节适当调高。环境温度较低时，发酵温度上升相对缓慢，热量损失大，水分蒸发少，环境温度较高时则正好相反。

4）陈料、熟料适当调低，鲜料适当调高。存放时间较长的物料在陈放过程中，环境微生物已将部分有机物进行了不同程度的分解，相对于新鲜物料，其生化反应过程的剧烈程度有所减弱，水分需求量相对也要少，经过物理或化学手段处理后的物料，其生化反应的需水量更少。

5）低碳氮比适当调低，高碳氮比适当调高。碳氮比低意味着可分解的碳水化合物数量少，生化反应的需水量也少，反之则需水量就大。

总之，应根据地域、气候、物料及配方的特点，摸索相应的最合适的水分含量，并在堆肥过程中仔细观察物料的含水量变化及其对堆肥的影响，及时采取调整措施，确保发酵正常进行。

2. 通风供氧

堆肥过程中供氧状况是通过温度和气味来反映的。堆肥温度有异常变化或有臭味，就说明物料的通透性发生了问题。产业化堆肥一般不太可能通过空气的自然渗透来满足堆肥有机物生化反应对氧气的需要，必须采取相应的辅助增氧措施，目前常用的是翻堆和强制通风曝气方式。通过翻堆和强制通风曝气，不仅可以为堆肥生化反应提供足够的氧气，而且还能将热量带走，避免堆体温度过高，导致微生物失活，同时随着热量散失，还可带走大量水分。所以堆肥过程不仅是堆肥有机物氧化还原的过程，同时也是堆肥水分逐渐散失的过程，这一点对高含水量的有机物尤为重要，有利于降低后期干燥成本。

条垛式翻堆发酵堆肥由于堆体与空气的接触面积大，一般通过翻堆就能满足供氧需求。槽式堆垛翻堆发酵堆肥由于堆体大，特别是堆高较高时，与空气的接触面积相对较小，需要采取翻堆和强制通风曝气的双重措施来满足其供氧需要。翻堆和强制通风曝气的频率及次数应该视物料性质和堆温变化而确定，正常情况下只需每天翻堆 1 次，强制通风也可采取间歇曝气方式，每天上、下午各 1 次，每次 10～30 分钟，根据物料性质、混合物物料相对密度等确定。

3. 温度

堆肥的温度变化是反映发酵是否正常最直接、最敏感的指标。由于堆肥温度与物料含水量、通风供氧及其他各项堆肥控制因素都存在着紧密联系，所以它又是一个最复杂的因素。对堆肥温度变化的要求可概括为：前期温度上升平稳、中期高温维持适度、后期温度下降缓慢。堆肥前期的温度变化一定要处理好"快"与"稳"的关系，即发酵起温要快，但温度上升不能过快，要尽可能平稳；发酵中期高温维持的温度值要适宜，时长不能过短，理想的温度为55~65℃。当温度升至70℃后，应注意水分充足时散堆降温，水分不足时喷水降温，使温度控制在70℃以下。

从高温维持时间的长短可看出，发酵原料配比及原料预处理是否合适。理想的高温维持时间一般为5~10天，过长或过短都需要重新调整发酵原料配比。正常堆肥发酵的温度主要通过翻堆和强制通风曝气来调控，一般遵循"时到不等温，温到不等时"的原则，即在堆肥前期，即使发酵起温缓慢，甚至不起温，48小时后也必须翻堆或通风，避免堆体形成厌氧环境。在堆肥中后期，一旦温度超过设定值，必须及时翻堆，不能等达到规定时间后再翻堆。

此外，还可以通过人工添加发酵菌剂、酶制剂来促进发酵，这对堆肥启动初期提升温度很有帮助。

四、堆肥的质量标准

有机肥料的农业行业标准自发布以来已经过3次修订和重新发布，在最新的《有机肥料》（NY 525—2012）中对有机肥料的定义是：主要来源于植物和（或）动物，经过发酵腐熟的含碳有机物料，其功能是改善土壤肥力、提供植物营养、提高作物品质。

在此标准的基础上，农业部发布并修订了《生物有机肥》（NY 884—2012），《畜禽粪便还田技术规范》（GB/T 25246—2010），对有机肥料的相关指标也做了要求。

有机肥料发酵成品外观颜色为褐色或灰褐色，粉状产品应松散、无恶臭；颗粒状产品应无明显机械杂质、大小均匀、无腐败味。

（1）有机肥料的技术指标　应符合表6-2的要求。

表6-2　有机肥料技术指标

项　　目	指　　标
有机质的质量分数（以烘干基计，%）	≥45
总养分（氮＋五氧化二磷＋氧化钾）的质量分数（以烘干基计，%）	≥5.0

（续）

项　目	指　标
水分（鲜样）的质量分数（%）	≤30
酸碱度（pH）	5.5~8.5

（2）有机肥料中重金属的限量指标　应符合表6-3的要求。

表6-3　有机肥料重金属限量指标

项　目	指　标
总砷（As）（以烘干基计,%）	≤15
总汞（Hg）（以烘干基计,%）	≤2
总铅（Pb）（以烘干基计,%）	≤50
总镉（Cd）（以烘干基计,%）	≤3
总铬（Cr）（以烘干基计,%）	≤150

（3）有机肥料卫生学指标　应符合表6-4的要求。

表6-4　有机肥料卫生学指标

卫生学指标	NY 884—2012	NY 525—2012	GB/T 25246—2010
粪大肠菌群数/（个/克）	≤100	符合NY 8的要求	—
粪大肠菌值	—	—	10^{-2}~10^{-1}
蛔虫卵死亡率（%）	≥95	符合NY 884的要求	95~100
苍蝇	—	—	堆肥中及堆肥周围没有活的蛆、蛹或新孵化的成蝇

第三节　厌氧消化处理工艺

奶牛养殖场的粪污径固液分离后，污水可采用厌氧消化工艺进行处理，即在无氧的条件下，由兼性菌及专性厌氧细菌降解有机物，最终产物是二氧化碳（CO_2）和甲烷气（CH_4），或称消化气，同时使污水得到稳定。厌氧消化工艺流程见图6-6。

厌氧消化多被概括为三阶段过程。第一阶段是在水解与发酵细菌作用下，使碳水化合物、蛋白质与脂肪水解、发酵，转化成单糖、氨基酸、脂肪酸、甘油、二氧化碳及氢等；第二阶段是在产氢产乙酸菌的作用下，把第一阶段的产物转化成氢、二氧化碳和乙酸；第三阶段是通过两组生理作用不同的产甲烷菌，一组把氢和二氧化碳转化成甲烷，另一组是对乙酸脱羧产生甲烷。

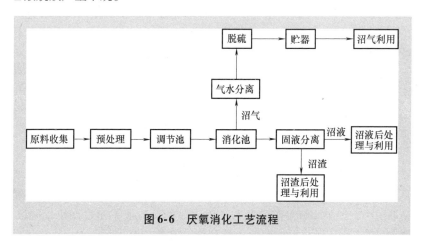

图6-6　厌氧消化工艺流程

一、厌氧消化的影响因素

甲烷发酵阶段是厌氧消化反应的控制因素，因此厌氧反应的各项影响因素也以对甲烷菌的影响因素为准。

1. 温度

甲烷菌按其对温度的适应性可分为两类，即中温甲烷菌（适应温度区为 30~36℃）和高温甲烷菌（适应温度区为 50~53℃），在两区之间的温度下反应速度反而减退。利用中温甲烷菌进行厌氧消化处理的系统叫中温消化，利用高温甲烷菌进行厌氧消化处理的系统叫高温消化。中温和高温厌氧消化允许的温度变动范围为 ±(1.5~2)℃，当有 ±3℃的变化时，就会抑制消化速度，有 ±5℃的急剧变化时，就会突然停止产气，使有机酸大量积累而破坏厌氧消化。

高温消化的有机物负荷和产气量均大于中温消化，但其能耗要高于中温消化。中温消化的时间为 20~30 天，高温消化的时间为 10~15 天。因中温消化的温度与人体体温接近，故对寄生虫卵及大肠菌的杀灭率较低，高温消化对寄生虫卵的杀灭率可达 99%，大肠菌指数在 10~100，能满足卫生要求。

2. 营养与碳氮比

厌氧消化反应器中,细菌生长所需营养由固液分离后的污水提供。细菌合成细胞所需的碳源担负着双重任务,一是作为反应过程的能源,二是合成新细胞。合成细胞的碳氮比约为 5:1,因此,要求碳氮比达到 (10~20):1 为宜。碳氮比太高,细胞的氮源不足,消化液的缓冲能力低,pH 容易降低;碳氮比太低,氮量过多,pH 可能上升,铵盐容易积累,会抑制消化过程。

3. 搅拌和混合

厌氧消化是由细菌体的内酶和外酶与消化底物进行的接触反应,因此必须使两者充分混合。搅拌的方法一般有泵加水射器搅拌法、消化气循环搅拌法和混合搅拌法等。

4. 酸碱度（pH）和消化液的缓冲作用

水解与发酵菌及产氢产乙酸菌对 pH 的适应范围大致为 5~6.5,而甲烷菌对 pH 的适应范围为 6.6~7.5,即只允许在中性附近波动。在消化系统中,如果水解发酵阶段与产酸阶段的反应速率超过产甲烷阶段,则 pH 会降低,影响甲烷菌的生活环境。但是在消化系统中,由于消化液的缓冲作用,在一定范围内可以避免发生这种情况。缓冲剂是在有机物分解过程中产生的,即消化液中的 CO_2（以碳酸形式存在）及 NH_3（以 NH_3 和 NH_4^+ 的形式存在）,NH_4^+ 一般是以 NH_4HCO_3 形式存在。故重碳酸盐（HCO_3^-）与碳酸（H_2CO_3）组成缓冲溶液。在消化系统中应保持碱度在 2000 毫克/升以上,使其有足够的缓冲能力,可以有效防止 pH 的下降。因此,在消化系统管理时,应经常测酸碱度。消化液中的脂肪酸是甲烷发酵的底物,应保持在 2000 毫克/升左右。

二、厌氧消化池的运行与管理

1. 消化污泥的培养与驯化

新建的消化池需要培养厌氧消化污泥,因为厌氧菌增殖较慢,所以厌氧反应器初次起动过程缓慢,一般需要 8~12 周的时间。将池塘底泥经 2 毫米×2 毫米孔网过滤后投入消化池,投加量占消化池容积的 1/10,以后逐日加入新鲜污水至设计液面。然后加热,控制升温速度为 1℃/小时,最后达到设计消化温度,控制池内 pH 为 6.5~7.5,稳定 3~5 天,待消化污泥成熟、产生沼气后再投加新鲜污水。如果当地已有厌氧消化工程，则可取其剩余污泥接种。

2. 正常运行的检测指标

运行管理中应检测的指标有：产气率是否正常，牛粪中温发酵产气率为 0.8~1.5 米/（米·天）；沼气成分（CO_2 与 CH_4 所占百分比）是否正常；投配污水含水量为 94%~96%；有机物含量为 60%~70%；有机物分解程度为 45%~55%；脂肪酸（以醋酸计）为 2000 毫克/升左右；总碱度（以重碳酸盐计）大于 2000 毫克/升；氨氮含量为 500~1000 毫克/升。

3. 正常运行的控制参数

厌氧消化池运行过程中，需严格控制原料投加量及消化温度。

采用消化气循环搅拌时，可全天工作；采用水力提升器搅拌时，每天搅拌量应为消化池容积的 2 倍，间歇进行，如搅拌 0.5 小时，间歇 1.5~2 小时。

在剩余污泥排出过程中，有上清液排出装置时，应先排上清液再排泥；否则应采用中、低位管混合排泥或搅拌均匀后排泥，以保持消化池内污泥含量不低于 30 克/升，不然的话消化很难进行。

消化池正常工作所产生的沼气气压应该在 1177~1961 帕之间，最高可达 3432~4904 帕，过高或过低都说明池组工作不正常或输气管网中有故障。

4. 消化时发生异常现象时的管理

消化池异常表现主要是产气量下降、上清液水质恶化等。

（1）产气量下降 产气量下降的原因与解决办法主要有：①投加的污水浓度过低，甲烷菌的底物不足。此时应设法提高投配污水的浓度。②消化污泥排量过大，使消化池内甲烷菌减少，破坏了甲烷菌与营养的平衡。此时应减少排泥量。③消化池温度降低，可能是由于投配的污水过多或加热设备发生故障。解决办法是减少投配量与排泥量，检查加热设备，保证消化温度。④消化池的容积减少，是因为池内漂浮浮渣与沉淀量增多。此时应检查池内搅拌效果，并及时排除浮渣与沉淀物质。⑤有机酸积累，碱度不足。解决办法是减少投配量，继续加热，观察池内碱度的变化，如果不能改善，则应增加碱度，如投加石灰、碳酸钙等。

（2）上清液水质恶化 上清液水质恶化表现在 BOD（生化需氧量）和 SS（悬浮物）浓度增加，原因可能是排泥量不够、固体负荷过大、消化程度不够、搅拌过度等。分析以上可能原因，分别加以解决。

（3）沼气的气泡异常 沼气的气泡异常有 3 种表现：①连续喷出像

啤酒开盖后出现的气泡，这是消化状态严重恶化的征兆。原因可能是排泥量过大，池内污泥量不足，或有机物负荷过高，或搅拌不充分。解决办法是减少或停止排泥，加强搅拌，减少污水投配。②大量气泡剧烈喷出，但产气量正常。这是由于池内浮渣层过厚，沼气在浮渣层下聚集，一旦沼气穿过浮渣层，就会有大量沼气喷出，对策是破碎浮渣层充分搅拌。③不起泡，可暂时减少或终止投配污水。

三、典型厌氧反应器对比

典型厌氧反应器有完全混合式厌氧反应器（CSTR）、上流式厌氧污泥床（UASB）、厌氧生物滤池（AF）、厌氧膨胀颗粒床（EGSB）、升流式厌氧固体反应器（USR）等，表6-5比较了几种厌氧消化反应器的优缺点及适用范围。

表6-5　典型厌氧反应器的特点比较

	优　点	缺　点	适用范围	启动速度	结构特征
CSTR	结构简单、投资小、运行管理简单	容积负荷率低，效率较低，出水水质较差	适用于SS含量高的污水处理	3~4周	不设三相分离器，无填料，设搅拌装置
AF	处理效率高，有机物负荷高，出水水质相对较好	投资较大，反应器容易短路和堵塞	适用于SS含量较低的有机废水	>4周	不设三相分离器，装填料
UASB	处理效率高，有机物负荷高，出水水质相对较好，工艺结构简单	投资相对较大，对废水SS含量要求严格	适用于SS含量较低的有机废水	4~16周	设三相分离器，不设搅拌装置
EGSB	处理效率高，有机物负荷高，出水水质相对较好	投资相对较大，对废水SS含量要求严格	适用于SS含量较高的有机废水	4~16周	设三相分离器，不设搅拌装置，无填料
USR	处理效率高，结构简单，不易堵塞，投资较省，运行管理简单，容积负荷率较高	结构限制相对严格单体体积较小	适用于含固量高（5%~10%）的有机废水	3~4周	不设三相分离器，不设搅拌装置，不装填料

第四节　厌氧消化的后处理工艺

厌氧废水处理工艺对有机物的去除效果是不错的，但是在去除氮、磷方面的效果不大，同时中温厌氧消化仅能去除部分病原微生物。此外，残存的生化需氧量（BOD）、总悬浮物（TSS）和还原性物质可能影响出水的水质，如果出水质达不到利用的要求，就需要采取一些后处理措施。

后处理工艺可以采用生物的、物理化学的、物理的和化学的方法，或者多种方法结合使用，见表6-6。

表6-6　厌氧消化的后处理

后处理工艺		除去的污染物	机理或方法
生物法	活性污泥法	BOD 和 TSS 氮 磷	好氧生物法机理 硝化或反硝化
	稳定塘	BOD 和 TSS 氮 磷 病原微生物	好氧-厌氧生物法机理 氨的气提（高 pH 下） 沉淀（高 pH 下） 在高 pH、溶解氧和光照下的杀灭作用
物理化学法	石灰处理	BOD 和 TSS 病原微生物 氮 磷	絮凝 高 pH 下的杀灭作用 氨的气提 沉淀
	用 Fe^{2+} 絮凝	BOD 和 TSS 磷	絮凝 形成 $Fe_3(PO_4)_2$ 沉淀
物理法	砂滤	BOD 和 TSS 病原微生物	过滤 微生物的过滤
	辐射	病原微生物	紫外线消毒
化学法	用 Cl_2 或 O_3 消毒	BOD 和 TSS 氮 病原微生物	氧化 消毒

后处理工艺的目标主要有以下几点。

1）除去残余有机物和悬浮物。

2）除去氮、磷。

3）除去病原微生物。

规模化奶牛养殖场厌氧消化工艺的后处理多采用生物法，主要有稳定塘、活性污泥法及其变形和衍生工艺。

一、使用稳定塘的后处理

稳定塘即大而浅的池塘，废水在塘中由于自发产生的生物作用而得到处理。稳定塘主要用于气候温和、土地费用低、污染物负荷波动大而又缺乏熟练操作人员的地区。由于有机物在稳定塘中氧化过程相当慢，因此它的水力停留时间相当长，需要 2～3 个月。但稳定塘占地面积大，这也成为该方法的主要缺点。

（1）稳定塘的适用条件

1）土地。因稳定塘占地面积大，养殖场周边需有可供建塘使用的土地，最好是可找到无农业利用价值的荒地。

2）气温。气温适于塘中的生物生长和代谢，污染物的去除率高，从而可以减少占地面积，降低投资。

3）应考虑日照及风力等气候条件。兼性塘和好氧塘需要光能以供给藻类进行光合作用。适当的风速和风向有利于塘水的混合。

（2）稳定塘工艺类型

1）厌氧塘。有机物浓度相当高时，氧的消耗就会非常快，此时仅在液面非常薄的部分能检测到溶解氧的存在，这样的稳定塘称为厌氧塘。厌氧塘中有机物的去除几乎都是厌氧菌完成的。

2）兼性塘。如果稳定塘的上部明显存在一个好氧层，或至少在白天由于藻类的光合作用形成明显的好氧层，而在塘的其余部分仍为厌氧条件，则这个稳定塘称作兼性塘。在兼性塘中可以观察到藻类和细菌的共生现象，细菌利用藻类光合作用产生的氧来生长繁殖并降解废水中的有机物，而藻类则利用细菌形成的二氧化碳进行光合作用。

3）好氧塘。好氧塘容纳有机物浓度低的废水，因而其中氧产生量大于氧消耗量。在好氧塘中，水层的绝大部分处于好氧条件。白天在日光照射下，好氧塘的上层甚至是氧过饱和的，并因而自发向空气中释放出氧。通常一个稳定塘的性质与其负荷有关，因此稳定塘的有机物负荷是设计的主要参数。气候温和地区，不同类型稳定塘允许的有机负荷见表6-7。

表6-7 不同类型稳定塘允许的有机负荷（在气候温和地区）

稳定塘的类型	有机负荷（BOD）/[克/(米² · 天)]
厌氧塘	100 ~ 1000
兼性塘	15 ~ 50
好氧塘	5 ~ 15

注：鱼塘的有机负荷为1 ~ 10克BOD/(米² · 天)。

在实际污水处理中，几种稳定塘常在同一系统中使用，如使用一个厌氧塘、一个兼性塘，再接一个或几个好氧塘。

二、使用活性污泥法的后处理

活性污泥法是被广泛应用的废水处理工艺，可有效降低废水中可生物降解的有机物、悬浮物和营养物的浓度。其水力停留时间比稳定塘短（通常为8 ~ 24小时），因此活性污泥法比稳定塘占地少，它的主要缺点是投资与运行费用高、能耗大，同时它产生的剩余污泥也需要稳定化处理（可投入前面的厌氧消化池进行处理）。

随着污水处理技术的不断发展，在传统活性污泥工艺（图6-7）基础上又衍生出许多新型工艺，如SBR、A^2/O、氧化沟等，其本质都是强化活性污泥的净化作用，保证污水处理效果。

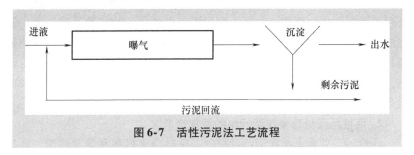

图6-7 活性污泥法工艺流程

1. 活性污泥净化反应影响因素

（1）营养物质平衡 参与活性污泥处理的微生物在其生命活动过程中，需要不断从其周围环境的污水中吸取其所必需的营养物质，主要包括碳源、氮源、无机盐及某些生长素等。碳是构成微生物细胞的重要物

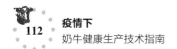
质，氮是组成微生物细胞内蛋白质和核酸的重要元素，需要量可以按 BOD（生化需氧量）：氮（N）= 100：5 考虑。

磷（P）是合成核蛋白、卵磷脂及其他磷化合物的重要元素，它在微生物的代谢和物质转化过程中起着重要的作用。微生物对磷的需要量，可按 BOD：N：P = 100：5：1 考虑。

（2）溶解氧含量 参与活性污泥处理的是以好氧菌为主体的微生物种群，因此在曝气池内必须有足够的溶解氧，溶解氧不足将对微生物的生理活动产生不利的影响，从而影响污水处理进程。曝气池内的溶解氧一般宜保持在不低于 2 毫克/升的程度，在曝气池内的局部区域，如在进口区，有机污染物相对集中，浓度高，耗氧速率高，溶解氧不宜保持在 2 毫克/升，可以有所降低，但不宜低于 1 毫克/升。

【注意】

曝气池内溶解氧浓度也不宜过高，否则会导致有机物分解过快，从而使微生物缺乏营养，活性污泥易老化，结构松散。此外，溶解氧过高，过量耗能，在经济上也是不适宜的。

（3）pH 参与污水生物处理的微生物需要的最佳 pH 范围一般介于 6.5~8.5 之间。

（4）水温 在影响微生物生理活动的各项因素中，温度的作用非常重要。温度适宜，能够促进微生物的生理活动；温度不适宜，则会减弱甚至破坏其生理活动，还能导致微生物形态和生理特性的改变，甚至可能使微生物死亡。参与活性污泥处理的微生物多数是嗜温菌，适宜温度介于 10~45℃ 之间。从安全角度出发，一般将活性污泥处理的最高与最低温度分别控制在 35℃ 和 15℃。在常年或多半年处于低温的地区，应考虑将曝气池建于室内，建于室外露天的曝气池，则应考虑采取适当的保温措施。

2. 活性污泥处理系统运行中的异常情况

活性污泥处理系统在运行过程中，有时会出现种种异常情况，处理效果降低，污泥流失。

（1）污泥膨胀 正常的活性污泥沉降性能良好，含水量在 99% 左右，当污泥变质时，不易沉淀，SVI（污泥容积指数）值增高，污泥的结构松散，体积膨胀，含水量上升，澄清液稀少，颜色也有异变，这就是污泥膨胀。SVI 是在曝气池出口处的混合液，经过 30 分钟静置沉淀后，每克干污泥所占有的容积，该值介于 70～100 为宜。

污泥膨胀主要是丝状菌大量繁殖所引起的，也有由污泥中结合水异常增多而导致的污泥膨胀。溶解氧不足、水温高或 pH 较低等，都容易引起丝状菌大量繁殖，导致污泥膨胀；此外，超负荷、泥龄过长等也会引起污泥膨胀；排泥不畅则易引起结核水性污泥膨胀。针对以上原因应采取相应措施，如果缺氧水温高，可加大曝气量和降低进水量，以减轻负荷，或适当降低 MLSS（混合液污泥浓度），使需氧量减少等；如果污泥负荷率过高，可适当提高 MLSS 值，必要时还可停止进水，闷曝一段时间；如果 pH 过低可投加石灰进行调节；若污泥大量流失，可投加 5～10 毫克/升的氯化铁来帮助凝聚，刺激菌胶团生长，也可投加漂白粉和液氯，抑制丝状菌繁殖。

（2）污泥解体　处理水质浑浊、污泥絮凝体微细化，则是污泥解体现象。曝气量过大，会使活性污泥生物营养的平衡遭到破坏，使微生物量减少并失去活性，吸附能力降低，絮凝体缩小而致密，一部分则成为不易沉淀的羽毛状污泥，处理水质浑浊，SVI 值降低。应对污水量、回流污泥量、空气量、排泥状态、SV（污泥沉降比）、MLSS 和溶解氧等多项指标进行检查并加以调整。

污泥沉降比又称 30 分钟沉降率，是混合液在量筒内静置 30 分钟后所形成沉淀污泥的容积占原混合液容积的百分率。

（3）泡沫问题　曝气池中产生泡沫，主要原因是污水中存在大量合成洗涤剂或其他起泡物质。泡沫可给生产操作带来一定困难，如影响操作环境、带走大量污泥、影响机械曝气时叶轮的充氧能力。可进行喷水消泡，或者投加除沫剂，如机油、煤油等，投加量为 0.5～1.5 毫克/升。此外，用风机机械消泡也是有效措施。

三、污水的消毒

污水经过好氧生物处理后，水质已经改善，细菌含量也大幅减少，但细菌的绝对值仍很高，并存在有病原菌的可能，因此在利用时，应进行消毒处理。污水消毒应连续运行，特别是在城市水源地的上游、旅游区、夏季和流行病流行季节应严格进行连续消毒。污水消毒的主要方法是向污水中投加消毒剂，目前用于污水中消毒的方法有液氯消毒、次氯酸钠消毒、臭氧消毒、紫外线消毒等。

1. 液氯消毒

液氯加入污水后会产生次氯酸根（ClO⁻），是极强的消毒剂，可以杀灭细菌与病原体。消毒的效果与水温、pH、接触时间、混合程度、污水浊度及所含干扰物质、有效氯浓度有关。液氯消毒工艺流程见图6-8。该方法处理效果可靠、投配设备简单、投量准确，但氯化形成的余氯及某些含氯化合物为低浓度时对水生物有毒害。液氯消毒在大、中型污水处理厂应用广泛，畜禽养殖场不推荐。

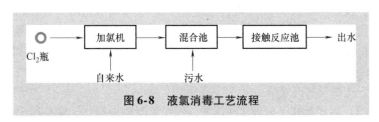

图6-8 液氯消毒工艺流程

2. 次氯酸钠消毒

可用次氯酸钠发生器，以海水或食盐水的电解液电解产生。次氯酸钠消毒也是依靠次氯酸根的强氧化作用。从次氯酸钠发生器发出的次氯酸可直接注入污水，进行接触消毒。

3. 臭氧消毒

臭氧由3个氧原子组成，在常温常压下为无色气体，有特臭。臭氧极不稳定，分解时产生初生态氧，具有极强的氧化能力，对具有顽强抵抗力的微生物如病毒、芽孢等都有强大的杀伤力。此外，它还具有很强的渗入细胞壁的能力，从而破坏细菌有机体链状结构，导致细菌死亡。臭氧消毒工艺流程见图6-9。

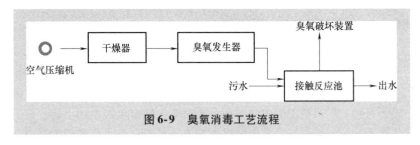

图6-9 臭氧消毒工艺流程

臭氧在水中的溶解度仅为10毫克/升左右，因此通入污水中的臭氧往往不可能全部被利用。为了提高臭氧的利用率，所建的接触反应池最好水深为 5 ~ 6 米，或建成封闭的几格串联的接触池，设管式或板式微孔扩散器散布臭氧，扩散器用陶瓷或聚氯乙烯微孔塑料或不锈钢制成，臭氧消毒迅速接触时间可采用 15 分钟，能够维持的剩余臭氧量为 0.4 毫克/升。接触反应池排出的剩余臭氧具有腐蚀性，需做消除处理。臭氧不能储存，需现场边制备边使用。

4. 紫外线消毒

紫外光能穿透细胞壁并与细胞质反应而达到消毒目的。波长为 250 ~ 360 纳米的紫外光杀菌能力最强。因为紫外光需照透水层才能起到消毒作用，故污水中的悬浮物浊度、有机物和氨氮都会干扰紫外光的传播，因此污水水质的光传播系数越高，紫外线消毒的效果也就越好。紫外线消毒工艺流程见图 6-10。

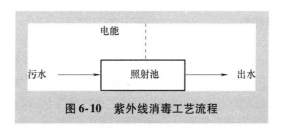

图 6-10 紫外线消毒工艺流程

紫外线光源是高压石英水银灯，杀菌设备主要有浸水式和水面式两种。浸水式是把石英灯管置于水中，此法的特点是紫外线利用率较高，杀菌效能好，但设备的构造较复杂；水面式的构造简单，但由于反光罩吸收紫外光线及光线散射，杀菌效果不如前者。紫外线消毒的照射强度为 0.19 ~ 0.25 瓦·秒/厘米^2，污水层深度为 0.65 ~ 1 米。紫外线消毒与液氯消毒比较具有以下优点。

1）消毒速度快、效率高。据试验结果证实，经紫外线照射几十秒既能杀菌。一般大肠杆菌的平均去除率可达 98%，细菌总数的平均去除率为 96.6%，还能去除液氯法难以杀死的芽孢与病毒。

2）不影响水的物理性质和化学成分，不增加水的臭味。

3）操作简单，便于管理，易于实现自动化。紫外线消毒的缺点是电耗较大，会因水中悬浮杂质妨碍光线透射而削弱消毒效果。

第七章
奶牛健康养殖与管理

第一节　奶牛营养代谢

一、奶牛消化特征

1. 消化道结构

奶牛属于反刍动物，可从植物细胞壁中获得营养。奶牛每次进食饲草料速度较快并且进食量很大，但不进行细致咀嚼，食后30~60分钟开始反刍，食糜从胃中返回口腔再次被咀嚼然后回到瘤胃，经过咀嚼和吞咽的食物混合后在瘤胃中进行发酵，每24小时反刍6~12次，反刍时间长达6~8小时。在消化特点上，由于饲料和日粮不同，奶牛消化率范围在50%~90%之间，如果饲料中粗纤维含量为30%~35%，则奶牛对有机营养物质的消化率高达61%，而马为56%，猪仅为37.2%，家禽甚至更低。

奶牛的消化系统主要由口腔、食道、复胃（瘤胃、网胃、瓣胃和皱胃）、小肠（十二指肠、空肠和回肠）、大肠（盲肠、结肠和直肠）等组成。在不同消化器官的共同作用下，帮助奶牛从外界摄取营养物质，用于身体组织的生长发育、机体的活动及生产性能的发挥。奶牛所需要的营养物质包括蛋白质、糖类、脂肪、水、维生素和无机盐等。这些物质存在于奶牛所采食的饲料中，结构复杂的饲料被奶牛采食进入消化道后，必须经过物理、化学和微生物消化，转变为结构简单的可溶性小分子物质，经过消化道吸收后满足奶牛生长发育、产奶等的需要。因此，掌握奶牛的消化生理特点，以及对营养物质的消化、吸收和代谢，对提高其生产性能至关重要。

2. 瘤胃消化特点及重要性

奶牛的胃被称为复胃，由瘤胃、网胃、瓣胃、皱胃（或称为真胃）

4 个部分组成。瘤胃是奶牛特有的消化器官,是奶牛体内的饲料加工厂。其容积大,虽然没有分泌消化液的功能,但环纵肌有力地收缩和松弛,节奏有力,能够搅拌和揉磨胃中的食物。瘤胃黏膜的乳头状突起,对食物的搅拌和揉磨有帮助作用。此外,奶牛瘤胃内还存在大量能与之"共存"的瘤胃微生物,它们在瘤胃消化中起着重要的主导作用。饲料中 75% 左右的可消化干物质和 50% 以上的粗纤维可以在瘤胃中被消化,这些被消化的干物质和粗纤维所产生的挥发性脂肪酸(VFA)、二氧化碳和氨,用以合成自身需要的蛋白质、维生素 B 和维生素 K。因此,有人把瘤胃称作一个"大型厌氧发酵罐"。

奶牛日粮中含有大量的纤维素、半纤维素、淀粉和水溶性碳水化合物(大多数以果聚糖形式存在)。瘤胃是奶牛消化粗饲料的主要场所,在瘤网胃内饲料的消化降解主要通过栖息其中的微生物参与完成,除木质素外,所有的碳水化合物都受到瘤胃微生物的作用。

反刍动物可利用的大部分碳水化合物在瘤胃内被微生物发酵,瘤胃微生物每天消化的碳水化合物量占总采食量的 50% ~ 55%,最终的发酵产物主要是各种挥发性脂肪酸(主要是乙酸、丙酸、丁酸)、微生物细胞、甲烷与二氧化碳气体。VFA 进一步被瘤胃壁吸收进入肝门静脉后,入肝参与糖异生及糖代谢。所产生的气体经嗳气(打嗝)散失,而挥发性脂肪酸主要通过瘤胃壁吸收为机体供能,微生物细胞和未降解的饲料(包括 5% ~ 20% 的结构性碳水化合物和部分非结构性碳水化合物)一起经过皱胃再进入小肠,在奶牛小肠内消化酶的作用下被消化,消化产物则被进一步吸收,未被消化的部分随内源代谢废物一起排出体外。

二、奶牛主要营养物质代谢

1. 碳水化合物营养与代谢

碳水化合物在反刍动物日粮干物质中的比例通常达到 60% ~ 70%,主要来源于粗饲料和能量类精饲料,在粗饲料中主要以半纤维素和纤维素的形式存在,淀粉含量通常比较低,比如各种干草和农作物秸秆等;在精饲料中通常以淀粉的形式存在,纤维含量往往比较低,如玉米、小麦等谷物饲料。碳水化合物在机体内的生理功能与其种类和在机体内的存在形式有关。

(1)供能储能作用 碳水化合物与蛋白质和脂肪同为生物界三大基础物质,是细胞结构的主要成分和供能物质。淀粉和中性洗涤纤维

（NDF）是瘤胃挥发性脂肪酸（VFA）的主要底物，而挥发性脂肪酸可提供反刍动物所需的 70%~80% 的能量。由日粮中碳水化合物转化成的葡萄糖不仅可用于直接氧化供能，还可在机体能量供应充足时转化为糖原和体脂储存起来。典型的泌乳牛日粮通常含 22%~30% 的淀粉（干物质基础）。泌乳早期应供应高淀粉日粮，随泌乳日龄增加可逐步降低日粮淀粉含量，泌乳中后期可饲喂低淀粉（17.5%~21.0%）日粮，干奶牛则推荐饲喂低淀粉（<22%，干物质基础）高纤维日粮。

（2）维持动物健康 日粮中适宜的纤维水平对维持瘤胃正常机能和动物生产水平的发挥至关重要。日粮中的淀粉在瘤胃内的降解速度远高于中性洗涤纤维，当其比例过高时会导致瘤胃内积累大量的挥发性脂肪酸和乳酸，打破乳酸产生和吸收的动态平衡，使瘤胃 pH 降低。当瘤胃 pH 低于 5.8 持续 3 个小时以上时，会出现亚临床性酸中毒，低于 5.5 时，出现瘤胃酸中毒。瘤胃酸中毒会使纤维消化率降低、采食量下降，引发蹄病和乳腺炎，严重时还可导致动物死亡。充足的结构性碳水化合物可有效防止瘤胃酸中毒，因为日粮本身就是一种缓冲剂，而粗饲料的酸碱缓冲能力比籽实类饲料高 2~4 倍。此外，日粮纤维可通过刺激咀嚼和反刍来促进动物唾液分泌量的增加，间接提高了瘤胃的缓冲能力。

（3）间接供应蛋白质 瘤胃微生物是宿主蛋白质的主要来源（约80%），而瘤胃微生物蛋白质的合成需要在氮源和可发酵碳水化合物比例适当、数量充足的情况下才能顺利进行。瘤胃微生物通常被划分为发酵非结构性碳水化合物和发酵结构性碳水化合物的微生物，在有合适氮源时，两类微生物的生长速率和分解产物直接受碳水化合物的组成和含量制约。调控日粮纤维的类型及含量，会影响微生物蛋白的合成和奶牛的生产性能。

（4）参与机体的构成和调控机体代谢 很多糖类物质还具有特殊的生理功能，比如肝素具有抗凝血作用，核糖和脱氧核糖是核酸的重要组分。糖蛋白一般是指由分支的寡糖链与多肽共价相连所构成的复合糖。动物体内种类繁多的糖蛋白在机体物质运输、生物催化、血液凝固、激素发挥活性、润滑保护、结构支持和卵子受精等方面发挥着不可替代的作用。糖脂是神经细胞的组成成分，对传导突轴刺激冲动起着重要作用。糖苷是指具有环状结构的醛糖或酮糖的半缩醛羟基上的氢被烷基或芳香基团所取代的缩醛衍生物。研究表明，动物体内代谢产生的许多糖苷具有解毒作用。哺乳动物、鱼类及一些两栖类动物的许多毒素、药物或废物（包括固醇类激素的降解产物），可能是通过与 D-葡萄糖醛酸形成葡萄糖苷酸而排出体外的。

2. 蛋白质营养与代谢

奶牛的诸多生理活动，如维持生长、泌乳等都需要蛋白质的参与，如何精准地确定奶牛对蛋白质和氨基酸的需要量，提高奶牛对蛋白质的利用效率，一直是奶牛营养领域探究的热点话题。

蛋白质饲料的价格通常较贵，在泌乳奶牛日粮中，蛋白质饲料的成本约占日粮成本的 42%。饲喂过多的蛋白质，不仅会增加饲料成本、降低牧场效益，而且未被奶牛消化吸收利用的蛋白质通过粪尿等方式排出体外，会造成环境污染，影响人类健康。蛋白质的瘤胃降解速率与其在瘤胃食糜的外流速率成反比，除此之外，饲料蛋白质的类型、日粮碳水化合物的组成等因素均会影响蛋白质的消化。

饲料中的蛋白质可以分为瘤胃可降解蛋白质和瘤胃未降解蛋白质。瘤胃可降解蛋白质分为非蛋白氮和真蛋白氮，真蛋白氮可以被瘤胃微生物降解为小肽和氨基酸，最终通过脱氨基作用转化成氨，或者合成瘤胃微生物蛋白质。瘤胃未降解饲料蛋白质、微生物蛋白质和内源性蛋白质会流入小肠，在蛋白分解酶的作用下水解成氨基酸，氨基酸在被肠道上皮细胞吸收后会随着血液循环进入肝脏，然后被运输到机体其他器官，用于维持代谢或乳蛋白的合成等生理活动。

在美国国家研究理事会（NRC）蛋白质体系中，赖氨酸和蛋氨酸被认为是最重要的两种限制性氨基酸，当赖氨酸和蛋氨酸在可代谢蛋白质中的比例分别达到 7.2% 和 2.4% 时，产奶量达到最大。考虑到日粮中未被利用的氮会被排放到环境中，从而造成污染，如何在低蛋白日粮中添加过瘤胃氨基酸使奶牛保持较高的产奶量也是奶牛营养研究的热点话题。蛋氨酸不仅可以作为乳蛋白合成的原料，还能直接参与极低密度脂蛋白的合成，或者在小肠吸收后部分转化成胆碱，从而影响肝脏中的脂肪代谢。因此，对围产期奶牛可适当提高蛋氨酸在可代谢蛋白质中的比例。

3. 脂类营养与代谢

奶牛日粮中几乎所有的饲料原料都含有脂肪，主要包括甘油三酯、糖脂、磷脂和游离脂肪酸。脂肪在奶牛消化道内的消化吸收与代谢过程包括：在瘤胃中被水解为甘油和游离脂肪酸，脂肪酸被瘤胃微生物生物氢化，脂肪酸在小肠内被吸收并转运至淋巴系统，脂蛋白回流入血液并

被输送到其他器官合成甘油三酯或氧化供能。

　　过去的几十年间有很多人研究了在奶牛日粮中添加脂肪对动物生产性能的影响，目前越来越多的牧场也开始在奶牛日粮中使用脂肪。由于脂肪能值较高，饲喂脂肪可以在维持粗饲料中性洗涤纤维水平的前提下提高日粮能量浓度，进而克服高产奶牛采食能量不足的问题。在不影响干物质采食量的前提下，提高日粮能量浓度可以提高奶牛的能量摄入，改善某些时期的能量负平衡和体况下降，提高产奶量和繁殖效率。

　　由于日粮中脂肪成分的不同及瘤胃微生物的作用，成年反刍动物和非反刍动物的脂肪消化吸收过程有很大区别。在反刍动物体内饲料原料和额外添加脂肪中的大部分脂肪酸均为酯化的长链脂肪酸，当它们被奶牛采食进入瘤胃后，脂肪代谢的第一步就是在瘤胃中被脂解细菌迅速水解并释放出甘油和游离脂肪酸。脂肪的水解程度很高，且受到日粮脂肪水平、瘤胃 pH 和离子载体的影响，某些离子载体会抑制特定脂解细菌的生长。完整的甘油三酯脂解是一个由甘油三酯、甘油二酯、甘油一酯到游离脂肪酸的顺序分解过程。相比日粮中的脂肪酸，生物氢化作用改变了流出瘤胃的脂肪酸的组成，使得流到小肠的饱和脂肪酸更多。如果饲喂不饱和脂肪酸而降低了瘤胃纤维分解细菌的数量或活性，奶牛的采食量、产奶量和乳脂率都会受到影响。相对于不饱和脂肪酸来说，饱和的长链脂肪酸对瘤胃发酵的影响相对较小。饲喂高精料低粗料日粮会降低瘤胃中多不饱和脂肪酸的生物氢化程度，增加十二指肠中脂肪酸生物氢化中间产物的外流。小肠中脂肪的吸收需要胰液和胆汁的共同作用。与氨基酸或丙酸等其他营养成分的吸收不同，日粮中脂肪的吸收并不直接进入肝脏。因此，在奶牛产犊前后常常出现的肝脏中脂肪沉积（脂肪肝）问题并不是由日粮中的脂肪造成的，而是能量负平衡时期过多的体脂动员使更多的游离脂肪酸被吸收进入肝脏并合成甘油三酯沉积在肝脏，而肝脏以极低密度脂蛋白形式将脂肪酸转移出来的速度要远低于脂肪酸的沉积速度。

第二节　奶牛常用饲料原料与日粮配合

一、奶牛常用饲料原料

1. 常用粗饲料

奶牛日粮中常见的粗饲料有干草类饲料、青贮类饲料及青绿饲料，优质粗饲料能够为奶牛提供所需的营养物质。营养成分和适口性与牧草的收割期、晾晒方式有密切关系，禾本科牧草应于抽穗期刈割，豆科牧草应于花蕾期或初花期刈割。在生产现场，测定苜蓿及羊草等韧性较小的干草含水量的方法是用手握一束干草，轻轻扭转，如果草茎破裂，稍有弹性而不断，即为水分合适的标志（17%左右）；如果轻微扭转即有破裂声而断裂，即为过干；若能打成草绳而茎不开裂，即表示水分过多（彩图3）。

在实验室内，主要测定干草的常规营养成分，包括干物质、粗蛋白质、粗脂肪、粗纤维、无氮浸出物、粗灰分、酸性洗涤纤维、中性洗涤纤维、矿物质（磷、钙等）。

（1）苜蓿干草 苜蓿的营养价值会随着成熟度的增加而减少，主要表现在叶片含量减少，茎秆比例增加。特别是苜蓿开花后，营养成分急速下降（图7-1）。

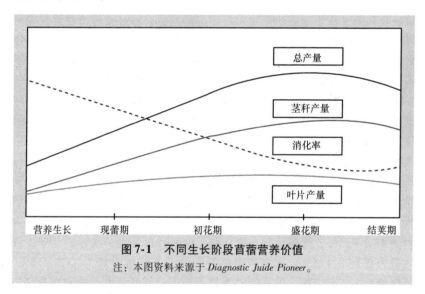

图7-1 不同生长阶段苜蓿营养价值

注：本图资料来源于 *Diagnostic Juide Pioneer*。

在生产中购买干草时，可首先对其进行感官上的判断。优质苜蓿干草茎秆柔软，中空程度很高，即打开茎秆，很少有白色木质素，易咀嚼，抓握扭转一把苜蓿，茎秆容易扭断。优质苜蓿干草一般有草香味，如果遭到不同程度雨淋，颜色会变化，同时味道会变差，没有草香味。北方头茬草都会存在一定比例的发黄和霜害秆。翠绿色反而是夏季生长的苜蓿制成干草的颜色。此外，可依据表7-1中的质量标准对外购的美国苜蓿干草进行等级划分定价。

表7-1 美国苜蓿干草的质量标准

刈割期	粗蛋白质（%）	酸性洗涤纤维（%）	中性洗涤纤维（%）	可消化干物质（%）	干物质采食量（%）	相对饲喂价值（%）	品质
现蕾期	>19	<31	<40	>65	>3.0	>151	特级
初花期	17～19	31～35	40～46	62～65	2.6～3.0	125～151	一级
开花期	14～16	36～40	47～53	58～61	2.3～2.5	103～124	二级
盛花期	11～13	41～42	54～60	56～57	2.0～2.2	87～102	三级
结英期	8～10	43～45	61～65	53～55	1.8～1.9	75～86	四级
成熟期	<8	>45	>65	<53	<1.8	<75	五级

（2）苜蓿青贮 苜蓿青贮常被制成半干青贮的形式（彩图4），在最佳收获期（现蕾期到初花期）将苜蓿割倒后，通过萎蔫使苜蓿含水量降至60%～70%。苜蓿原料要进行切碎处理，以便压实、排气，进一步缩短其呼吸作用，加速乳酸菌形成，提高青贮质量。根据饲喂牲畜的不同，切割长度一般为2～3厘米。在青贮的过程中应逐层压实排尽空气，以防腐败现象的发生。苜蓿含糖量低，一般会在装填过程中使用促发酵型添加剂或与含糖量较高的原料进行混贮。装填完成后，应立即密封，压上轮胎，做到不漏气、不透水。品质良好的青贮饲料压得很紧密，但取样观察又很松散，质地柔软，略带湿润。

（3）燕麦草 燕麦草隶属于禾本科牧草，糖分高，可为纤维分解菌供能，为奶牛提供优质的粗纤维，中性洗涤纤维消化率较高，奶牛适口性好，蛋白水平不高且低钾、低钙。一般进口燕麦草的中性洗涤纤维含量为48%～55%，水溶性碳水化合物（WSC）含量大于或等于20%，钾含量为0.8%～1.5%。国产燕麦草的中性洗涤纤维含量为53%～58%，钾含量为1.2%～3%，但是钾的含量不稳定，有些燕麦草的钾含量高于3%，对围产期奶牛日粮的使用上有一定的影响。根据营养价值及产地的差异，燕麦草可分为A型燕麦草及B型燕麦草。

A型燕麦干草含有8%以上的粗蛋白质（干物质基础），部分可达到14%以上，主要产自我国部分地区及美国、加拿大等北半球国家，是以中性洗涤纤维、酸性洗涤纤维、粗蛋白质3个指标确定等级（表7-2）。

表7-2　A型燕麦干草质量分级

化学指标	特　级	一　级	二　级	三　级
中性洗涤纤维（%）	<55	≥55，<59	≥59，<62	≥62，<65
酸性洗涤纤维（%）	<33	≥33，<36	≥36，<38	≥38，<40
粗蛋白质（%）	≥14	≥12，<14	≥10，<12	≥8，<10

B型燕麦干草含有15%以上的水溶性碳水化合物，部分可达到30%以上，主要产自我国部分地区及澳大利亚等国家，以中性洗涤纤维、酸性洗涤纤维、水溶性碳水化合物3个指标确定等级（表7-3）。

表7-3　B型燕麦干草质量分级

化学指标	特　级	一　级	二　级	三　级
中性洗涤纤维（%）	<50	≥50，<54	≥54，<57	≥57，<60
酸性洗涤纤维（%）	<30	≥30，<33	≥33，<35	≥35，<37
水溶性碳水化合物（%）	≥30	≥25，<30	≥20，<25	≥15，<20

（4）羊草　羊草在不同的生育期，营养成分不同。从营养学和生物学产量角度讲，最佳刈割期为抽穗期，开花以后适口性会显著下降（表7-4）。

表7-4　不同生育期的羊草营养成分

营养成分	返青期	分蘖期	拔节期	抽穗期	开花期	结实期	枯黄期
干物质（%）	18.37	20.12	24.98	29.06	34.85	40.53	51.16
粗脂肪（%）	4.03	3.73	2.28	2.56	1.93	2.95	2.86
粗蛋白质（%）	20.85	18.03	14.84	17.26	8.73	10.69	3.46
中性洗涤纤维（%）	53.63	58.71	60.38	51.73	64.21	66.77	68.66
酸性洗涤纤维（%）	23.05	37.84	39.23	25.23	34.91	36.05	38.73
钙（%）	0.53	0.51	0.43	0.98	0.66	0.88	0.76
磷（%）	0.36	0.42	0.31	0.38	0.47	0.36	0.43

（5）全株玉米青贮　全株玉米青贮制作的关键步骤主要是根据成熟度进行刈割。首先，应在适宜时期对玉米进行刈割，一般1/3～3/4乳线水分含量在65%～70%时，是制作青贮的最佳时期。刈割时合适的留茬高度应该在10～25厘米。其次，收割后应进行快速装池，切割长度一般

要求 0.5~1.0 厘米。装池要一次完成，填的过程中要不断踩实，大型池可采用机械碾压，发酵完成后饲料下降的高度不应超过青贮窖深度的10%。对于窖贮青贮而言，原料装好后，应高出池口 1 米左右，中间形成拱形，以利于排水，然后盖上塑料膜，膜上压轮胎。

使用时至少每周检查 1 次青贮料的干物质含量，当干物质含量变化大于 2% 时应调节全混合日粮（TMR）中的饲草数量。同时保持取面平整，每次掀掉的顶部覆盖物不超过 1 米，对于有合作技术专家的牧场，应把要关注的事情或发生的变化及时通报技术专家。

2. 常用精饲料

奶牛常用精饲料由谷实类能量饲料和蛋白质饲料组成。

（1）玉米 谷物籽实类饲料淀粉含量高、能值高、适口性好，但蛋白质含量低、氨基酸组成差。玉米被称为"饲料之王"，粗蛋白质含量在 8.8% 左右，粗脂肪含量在 3.9% 左右，中性洗涤纤维含量为 9%，酸性洗涤纤维含量在 2.7% 左右，产奶净能可达 7.7 兆焦/千克，适口性好、易消化，是奶牛最重要的能量饲料原料。

（2）豆粕 饼粕类饲料是富含油的籽实经加工榨（浸）取植物油后的加工副产品，蛋白质含量较高（30%~45%）。豆粕中粗蛋白质含量可达 46%，产奶净能达到 9.1 兆焦/千克，中性洗涤纤维含量为 8.8%，酸性洗涤纤维含量在 5.3% 左右，氨基酸含量丰富，适口性良好，是优质的蛋白质饲料来源。

（3）棉粕 棉粕中粗蛋白质含量可达 42%，产奶净能可达 8 兆焦/千克，一般占奶牛精饲料的 10%~15%，在泌乳高峰阶段可以添加占饲粮干物质 10%~15% 的全棉籽（日喂量为每头 2 千克）。

（4）菜籽粕 普通菜籽饼粕中蛋白质含量在 33%~40% 之间，中性洗涤纤维含量在 20% 左右，酸性洗涤纤维含量在 16% 左右，产奶净能在 5.8 兆焦/千克左右，但在奶牛精饲料中的添加量应控制在 8% 以下。近年来，随着植物育种技术的发展，加拿大培育出低芥酸、低硫苷的双低菜粕，饲用品质较好，可部分替代豆粕，适合反刍动物氨基酸营养需要，产量大，成本低，是极具潜力的蛋白质饲料资源。

（5）干酒糟及其可溶物（DDGS） 干酒糟及其可溶物是一种营养价值较高的饲料原料，其粗蛋白质含量在 27.5% 左右，粗脂肪含量可达10%，中性洗涤纤维含量为 27%、酸性洗涤纤维含量在 12% 左右，产奶净能达 8.9 兆焦/千克。干酒糟及其可溶物适合饲喂反刍动物，在奶牛日粮中使用的比例可以达到10%。

二、奶牛日粮配合

1. 日粮配合原则

奶牛饲料成本占鲜奶生产成本的60%以上。因此，日粮配合的合理与否，不仅关系到奶牛健康和生产性能的表现、饲料资源的利用，而且直接影响产奶牛的经济效益。奶牛日粮配合应遵循以下原则。

1）以饲养标准为依据，并针对具体条件（如环境温度、饲养方式、饲料品质、加工条件等）进行必要的调整。

2）要充分利用当地饲料资源，合理搭配饲料。例如，可以利用麦芽根、玉米胚芽饼、酒糟、米糠等替代部分玉米、稻谷等能量饲料；利用脱毒棉籽饼、菜籽饼、芝麻饼、苜蓿草粉等替代部分大豆饼等蛋白质饲料。这些饲料的合理搭配利用，对降低饲养成本、节约精饲料有很好的效果。无论选择何种饲料，都要求采用的原料无毒害、不霉烂变质、不苦涩、无污染、无砂石杂质等。

3）要注意营养的全面平衡，根据饲料的质量、价格或季节、饲养方式，适当调整饲料配方中相关原料的配比或某一指标的含量。

此外，还要注意选择体积适当、适口性好的原料。

2. 日粮配合步骤。

配合奶牛日粮，一般包括以下4个基本步骤：

（1）确定营养水平　奶牛日粮配方中能量、蛋白质等各种养分的含量定在什么水平，是奶牛日粮配合的依据，需要首先确定。营养水平定得是否适当，将影响奶牛的生产水平与养牛者的经济效益。确定营养水平最简单的方法是照搬饲养标准，因为它是近期科学实验和生产实践的总结。但饲养标准很多，不同国家根据奶牛品种、体形的不同，饲养标准推荐的营养值有较大差异。中国奶牛饲养标准经过我国生产实践的验证，比较符合国情，因此，一般情况下可依据我国的奶牛饲养标准为基础，适当参考国外标准来确定配方的营养水平。

（2）选择原料　选择适宜的原料，并确定某些原料的限制用量。奶牛需要的养分很多，大致可归纳为能量、蛋白质、常量元素、微量元素、维生素及其他养分（如必需脂肪酸、糖类）几个大类。为了全面满足奶牛的营养需要，饲料原料也应至少包括能量饲料、蛋白质饲料、矿物质饲料和微量元素添加剂。

（3）通过计算，设计出原始配方 营养水平和饲料原料确定以后，就可以利用各种计算方法设计出能满足奶牛营养要求的原始配方了。随着电子化设备的普及及计算机软件的发展，很多配方设计者会使用一些配方软件作为奶牛日粮配方营养值计算的依据，再结合具体情况进行适当调整。

（4）配方调整，确定配方 使用配方软件做出来的日粮配方一般是计算机优化的配方，在具体使用过程中，配方设计者还应根据具体的实践经验调整日粮配比。例如，棉籽粕的使用量为每头奶牛每天不应超过2千克，在进行配方具体设计的过程中，需要进行人为的设定及调整。

另外，在配方具体使用过程中，若发现问题，如生长不良、牛奶质量不好、奶牛不爱吃、腹泻多病等，应进行原因分析。若确由饲料配方的缺陷引起，便应针对问题加以修正，并再行观察验证，直到适合为止。

3. 日粮品质检测

（1）感官检测 从感官上，搅拌效果好的全混合日粮精粗饲料混合均匀，有精饲料可以较好地附着在粗饲料的表面，松散不分离，色泽均匀，新鲜不发热，无异味，不结块。

（2）水分估测 虽然水本身没有给奶牛提供任何能量，但是在混合过程当中起到了关键的作用，由于水的参与，所有的精粗饲料才能够有效黏合在一块，才能使饲料互相之间产生拉丝、挤压，尽量搅拌在一起。水分含量一般为45%~50%，偏湿或偏干的全混合日粮均会限制采食。如果大量饲喂青贮料，全混合日粮（水分含量高于50%）中的水分每增加1%，干物质采食量将会降低0.02%（占其体重）。

估测日粮水分最科学的办法就是把湿的全混合日粮称了重量以后，放在微波炉或烘箱烘干，然后称重，就可以知道全混合日粮中所含水分多少了。生产中较为简单的估测水分的方法是将饲料通道中的饲料随机取样用手用力捏成团，如果手里能捏出水，而且饲料呈团状、不复原，说明水分含量大；如果捏不出水，手松开后，饲料复原，呈蓬松状，手上有轻微的潮湿感，说明水分适中。

（3）分级筛测定 奶牛场在实际管理过程中，可使用宾夕法尼亚州粗饲料颗粒度分级筛（宾州筛，PSPS）对日粮混合均匀度及日粮纤维合理性进行分析，进而评价奶牛日粮质量。

具体操作时，将四层分级筛安装至工作状态，用灵敏度在±1克以内的称量器具（称重范围小于3000克），称取有代表性的反刍动物全混合日粮样品 500 克，散放在宾州筛工作状态的上层筛上。在一层筛子的表面，每个方向平行移动 5 次筛子，每平行移动 5 次后为第一组，再旋转 90 度后平行移动 5 次为第二组，在移动中不应该有垂直运动。重复这个过程 6 次，总共 8 组或平行移动 40 次。

移动的力量和频率必须足够，才能使颗粒在筛网表面滑动，从而使比筛孔小的饲料从筛孔穿过。宾州筛平行移动的推荐频率至少为1.1 赫兹（大约摇动 1.1 次/秒）并且摇动的距离至少为 17 厘米。推荐分级筛的操作员校对运动频率时应该保证一定的平行移动次数，每次平移距离大于 17 厘米。表 7-5 中列出了全混合日粮的理想长度推荐量。

表 7-5　宾州筛理论推荐比例（美国）

层	筛孔直径/毫米	全混合日粮（%，鲜重）
顶层	>19	≤15
中上层	8～19	30～40
中下层	1.18～8	30～40
底层	<1.18	≤20

三、饲槽管理

在把全混合日粮撒到料槽后的几小时内，奶牛的挑食行为会使饲槽中存留全混合日粮的营养价值下降。群饲时，如果牛只间隔小，就会有一部分奶牛不能在饲喂的第一时间吃到饲料，如果前面的奶牛对全混合日粮有挑食喜好，那么剩下的这些缺乏谷物成分的全混合日粮就不能为后面这些奶牛提供充足的营养成分，所以这些奶牛就无法摄入足够的营养以保证较高的产奶量。因此，为了能够减少同一头奶牛不同时间及不同奶牛个体间进食量的差异，要给奶牛提供充足的采食空间，以保证所有的奶牛能在同一时间内进食。

每头奶牛平均颈夹间隔宽度为 45～60 厘米，泌乳牛的为 75～80 厘米，干奶牛的为 60～90 厘米，头胎牛的为 45～60 厘米。

从饲槽管理上看，奶牛没有明显的挑食现象出现，24 小时剩料低于所喂全混合日粮的 5%，若剩料外观与刚开始由搅拌车饲喂的全混合日粮无明显差异，则说明奶牛日粮较为理想。

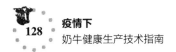

第三节　奶牛营养需要与阶段配方

一、分群饲养的意义及重要性

合理分群对保证奶牛健康、提高产奶量及科学控制饲料成本都十分重要。对于规模牧场来讲，要根据不同生长发育及泌乳阶段奶牛的营养需要，并结合全混合日粮工艺的操作要求，来制定相应的方案。

1. 牛群划分标准

根据牛群不同生长阶段可将牛群结构划分为以下几种。

（1）犊牛　出生到6月龄的牛。犊牛经历了从母体子宫环境到体外自然环境，由靠母乳生存到靠采食植物性饲料为主的饲料生存，由反刍前到反刍的巨大生理环境的转变，各器官系统尚未发育完善，抵抗力低，易患病。犊牛处于器官系统的发育时期，可塑性大，良好的培养条件可为其将来的高生产性能打下基础，如果饲养管理不当，可造成其生长发育受阻，影响终身的生产性能。

（2）育成母牛　7月龄到初次配种受胎（14～18月龄）的牛。育成期是母牛体形变化和体重增长最快的时期，也是繁殖机能迅速发育并达到性成熟的时期。育成期饲养的主要目的是通过合理的饲养使其按时达到理想的体形、体重标准和性成熟，按时配种受胎，并为其一生的高产打下良好的基础。

（3）青年母牛　初次配种受胎到初次产犊（24～28月龄）的牛。青年母牛是指从初配受胎到分娩这段时期，胎儿的生长和乳腺的发育是其突出的特点，但是此时母牛尚未达到体成熟，身体的发育尚未完全停止。在饲养管理上除了保证胎儿和乳腺的正常生长发育外，还要考虑母牛自身的生长与发育。

（4）成母牛　初次产犊以后的牛被称为成母牛。母牛第一次产犊后便进入了成母牛的行列，开始了正常的周而复始的生产周期，称为泌乳周期。一个完整的泌乳周期包括以下几个过程。

1）配种—妊娠—产犊。母牛一般在产犊后60～90天内配种受胎，妊娠期280天，从这次产犊到下次产犊大约相隔1年。

2）泌乳—干奶—泌乳。母牛产犊后即开始泌乳，在产犊前2个月停止产奶（称为干奶），产犊后又重新产奶，即在1年内母牛产奶305天，干奶 60 天。

2. 不同阶段奶牛的饲养标准

（1）犊牛 对于刚出生的犊牛，需在产后 1 小时内给其饲喂初乳。距脐部 10 厘米处断脐，并用碘酊消毒。保证犊牛床环境卫生严格消毒。1 月龄后，可饲喂全奶 300 千克、颗粒料 50 千克和少许优质苜蓿（粗蛋白质含量大于 17%），但不许喂羊草和青贮饲料。3 月龄后需根据个体大小及时分群，要经常测量体重、体高，评价生长发育情况，调整日粮结构。断奶后，将犊牛颗粒料和犊牛混合料混合饲喂，添加少量苜蓿，如果需要补充，可适量饲喂泌乳牛前期全混合日粮。

（2）育成母牛 根据个体大小和体况，及时分群和调整日粮结构。限制后备牛的增重速度，促进瘤胃的发育，多喂羊草，也可喂麦草。加强发情鉴定、配种和妊娠诊断工作。

（3）青年母牛 根据母体和胎儿情况调整日粮营养浓度。临产前 21 天适当降低钙磷比例。在妊娠后期，观察牛的临产症状，做好分娩前的准备工作。

（4）成母牛 奶牛产犊后产奶量迅速上升，6～10 周达到高峰，以后逐渐下降，第 3～6 泌乳月每月下降 2%～5%，以后直至干奶每月下降 7%～8%。采食量逐渐上升，产后 4 个月达到高峰，以后逐渐下降，干奶后下降速度加快，临产前达到最低点。由于奶牛产犊后产奶量迅速上升，但进食量的上升速度没有产奶量上升得快，食入的营养物质少于奶中排出的营养物质，会造成体重下降。

泌乳高峰过后，奶牛产奶量开始下降，而进食量仍在上升，在产后 100 天左右进食的营养物质与奶中排出的营养物质基本平衡，体重下降停止。以后随着泌乳量的继续下降和采食量的继续上升，食入的营养物质超过奶中排出的营养物质，体重开始上升，在产后 6～7 个月体重恢复到产犊后的水平，以后母牛进食量虽然开始下降，但泌乳量下降较快，到第 10 泌乳月后干奶，因而体重仍继续上升，到产犊前达到体重的最高点。因此，在产犊后 2 个月内易存在能量负平衡现象，需做好产后牛的监控（记录体温、胎衣、酮病等），同时要保证环境卫生，做好卫生消毒。

二、不同阶段奶牛日粮的经典配方

以天津地区为例，列出几个不同生长阶段奶牛日粮的配方。

1. 后备牛日粮配方

后备牛日粮配方及营养成分见表7-6。

表7-6　后备牛日粮配方及营养成分

项　　目	含　量	项　　目	含　量
玉米（%）	23	全株玉米青贮（%）	35
菜籽粕（%）	6.0	玉米秸秆（%）	15
向日葵粕（%）	4.5	苜蓿干草	
豆粕（%）	3.0	（%，粗蛋白质>15%）	5
胡麻粕（%）	4.0	产奶净能/（兆焦/千克）	5.86
干酒糟及其可溶物（%）	2.0	粗蛋白质（%）	14.0
食盐（%）	0.5	中性洗涤纤维（%）	48.92
尿素（%）	0.5	酸性洗涤纤维（%）	29.47
磷酸氢钙（%）	0.25	钙（%）	0.63
石粉（%）	0.75	磷（%）	0.41
预混料（%）	0.5		

2. 青年母牛经典配方

青年母牛经典配方及营养成分见表7-7。

表7-7　青年牛母日粮配方及营养成分

项　　目	含　量	项　　目	含　量
豆粕（%）	3.84	苜蓿干草	
棉粕（%）	3.42	（%，粗蛋白质>15%）	5
喷浆玉米皮（%）	1.71	产奶净能/（兆焦/千克）	5.23
低脂DDGS（%）	2.13	粗蛋白质（%）	12.2
脱霉剂（%）	0.04	中性洗涤纤维（%）	48.82
酵母（%）	0.04	酸性洗涤纤维（%）	29.72
预混料（%）	1.28	钙（%）	0.53
全株玉米青贮（%）	64.05	磷（%）	0.30
麦秸（%）	23.4		

3. 成母牛经典配方

（1）高产奶牛经典日粮配方　高产奶牛（产奶量>25千克，泌乳天数<91天）日粮配方及营养成分见表7-8。

表7-8　高产奶牛日粮配方及营养成分

项　目	含　量	项　目	含　量
玉米（%）	18.5	氧化镁（%）	0.025
小麦（%）	3.0	麸皮（%）	5
膨化大豆（%）	2.0	双乙酸钠（%）	0.025
玉米蛋白粉（%）	2	预混料（%）	0.5
向日葵粕（%）	3.0	全株玉米青贮（%）	20
胡麻粕（%）	3.0	羊草（%）	15
棉籽粕（%）	5	苜蓿（%，粗蛋白质 >18%）	10
干酒糟及其可溶物（%）	5	产奶净能（兆焦/千克）	6.90
豆粕（%）	5	粗蛋白质（%）	16.50
糖蜜（%）	0.5	粗纤维（%）	17.00
食盐（%）	0.5	中性洗涤纤维（%）	27.62
石粉（%）	0.5	酸性洗涤纤维（%）	16.81
磷酸氢钙（%）	0.5	钙（%）	0.91
碳酸氢钠（%）	0.5	磷（%）	0.55

（2）中低产奶牛经典日粮配方　中低产奶牛（产奶量20~25千克，泌乳天数100~200天）日粮配方及营养成分见表7-9。

表7-9　中低产奶牛日粮配方及营养成分

项　目	含　量	项　目	含　量
玉米	24	硫酸钠（%）	0.1
向日葵粕（%）	3.0	双乙酸钠（%）	0.15
胡麻粕（%）	2.0	预混料（%）	0.5
棉籽粕（%）	2.0	全株玉米青贮（%）	35
干酒糟及其可溶物（%）	5	玉米秸秆（%）	20
麸皮（%）	4	产奶净能（兆焦/千克）	6.23
胚芽粕（%）	3.0	粗蛋白质（%）	14.50
糖蜜（%）	0.5	中性洗涤纤维（%）	33.04
磷酸氢钙（%）	0.25	酸性洗涤纤维（%）	20.05
氧化镁（%）	0.25	钙（%）	0.75
食盐（%）	0.5	磷（%）	0.50
石粉（%）	0.8		

第四节　日粮饲喂管理技术

一、奶牛饲喂管理

1. 控制奶牛挑食

（1）引起奶牛挑食的原因　如果牛的间隔小，就会有一部分奶牛不能在饲喂的第一时间吃到饲料，为了能够减少不同奶牛个体间进食量的差异，要给奶牛提供充足的采食空间，以保证所有的奶牛能在同一时间内进食。过长的苜蓿干草或者过大的青贮玉米颗粒将会加剧奶牛对全混合日粮中长草的排斥，也会使奶牛产生挑食行为。比较干燥的全混合日粮易引起奶牛发生挑食行为，此时可以适量加水，但一定要把全混合日粮的含水量控制在 45%～50%。

（2）控制奶牛挑食的措施　典型日粮采用全混合日粮饲养技术时，适当增加日粮粗饲料比例可提高奶牛的干物质采食量。粗饲料的长度控制在 4 厘米左右，该长度既满足了奶牛消化系统对有效纤维的需要，同时又不影响奶牛的干物质采食量和日粮消化率。一次饲喂量过多，奶牛就容易出现挑食行为，所以每次供给较少的饲料就可以缓解这个问题，但每次饲喂的日粮量一定要满足奶牛最大的采食潜能。

2. 料槽管理

食槽宽度、高度、颈夹尺寸按照规模化牧场设计要求执行。一般情况下，奶牛颈夹间隔宽度要求为：后备牛为 45～60 厘米，泌乳牛为 75～80 厘米。要求槽底光滑，色浅，采食槽要有遮阳棚。每天饲喂 2～3 次，固定饲喂顺序，投料均匀，保持饲喂新鲜度。经常查槽，观察奶日粮一致性和搅拌均匀度。观察奶牛采食、反刍及剩料情况。休息时至少应有80% 的奶牛在反刍。如果采食量出现下降，认真分析采食量下降原因，不要马上降低投喂量。奶牛所剩饲料看上去应与投喂饲料一致。每天清槽，剩料以 3%～5% 为宜，并进行合理利用。夏季成母牛的剩料可供给后备牛，避免其放置时间过长而变质，也不要将其与新鲜饲料混合在一起进行二次搅拌，以免引起日粮品质下降。

不空槽、勤匀槽，如果投放量不足，切忌增加单一饲料品种，要增加全混合日粮给量。饲喂后勤推饲料，一般 1～2 小时推 1 遍，这样有利于提高奶牛干物质采食量。日粮水分低于 40% 时应加水，当每头奶牛每天采食量变动超过 3 千克时，或当含水量较大的饲料原料干物质变动超过 5% 时，需重新调整日粮配方。

二、日粮饲喂效果评价

1. 采食情况评价

合理的全混合日粮可刺激奶牛的食欲，从而保证奶牛每天的干物质采食量。所以，可通过奶牛采食时的积极程度、实际的采食量及饲槽中剩料的情况来对全混合日粮的使用效果进行综合评估。

连续记录 1 周的奶牛采食量，用以评价奶牛采食量稳定性，观察每天剩料量是否在 3%~5% 之间。实际配置的全混合日粮和每群奶牛每天实际采食的全混合日粮变异很小是比较理想的状态，如果料槽中全混合日粮品质与配方设计的日粮有较大差异，则要重新进行饲喂环节的检查及评估。

2. 健康状况评价

（1）根据奶牛反刍情况评价 通常情况下，奶牛采食 0.5~1.0 小时以后便开始反刍，每天反刍 6~8 次，每次持续 40~50 分钟，因此奶牛每天大约有 7 小时在进行反刍活动。奶牛在反刍活动中，每千克干物质可以产生 6~8 升唾液。

奶牛反刍时一般侧身躺卧，食团通过逆呕返回于口中，不停咀嚼，每个食团咀嚼 20~60 秒后再次下咽。如果一个奶牛群，躺下的奶牛中有 50% 以上在反刍，说明全混合日粮铡切长度和饲养管理正常；否则，可能是铡切过短或者是发生了酸中毒。另外还可以根据观察反刍次数、咀嚼时间来分析全混合日粮中精粗比是否合适。如果反刍次数或者咀嚼时间减少，每千克干物质的咀嚼时间低于 30 分钟，则说明日粮中精饲料所占的比例偏高或饲料有效纤维含量不足。

（2）根据奶牛体况评价 体况评价即评定母牛的膘情，主要依据是臀部和尾根脂肪的多少，除了对这两个部位重点观察外，还应从侧面观察背腰的皮下脂肪情况。让奶牛自然站立，观察并触摸尾根、臀部、背腰等部位，判定皮下脂肪的多寡，进行评分。奶牛的体况评价一般为 5 分制，奶牛的体况（膘情）随分数升高而升高。

经常评定母牛的体况对于及时发现牛群可能出现的健康问题很重要，尤其是高产奶牛群，更应定期进行体况评价。定期评定泌乳母牛和育成牛的体况，可以及时发现饲养管理不当的问题，对奶牛的日粮做出

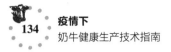

及时调整。

　　(3) 根据奶牛粪便情况评价　成年奶牛每天排粪 8～12 次，排粪量为 20～35 千克，在采食和瘤胃消化正常的情况下，奶牛排出的粪便黏稠，落地有"扑通"声，落地后的粪便呈叠饼状，中间有一个较小的凹陷。由于胃肠发酵，粪便有一定臭味，但不太明显。

　　如果奶牛排出稀粪，可能是由于日粮中含有过多的精饲料及糟渣类饲料，缺乏长的干草和有效中性洗涤纤维；如果排出的粪便过于干燥，厚度过大，呈坚硬的粪球状，则可能是干草饲喂过多，食入的劣质粗饲料过多，或精饲料饲喂量小。如果出现以上情况，要及时请兽医诊治，而更重要的是立即纠正不合理的日粮配置。

第八章
犊牛的饲养管理

第一节　哺乳犊牛的饲养管理

哺乳犊牛尚处于生长发育阶段，消化、免疫等系统发育尚不完全，对外界环境的适应能力较差。因此，加强饲养管理，为其提供舒适的生存条件，对于促进其正常生长发育、提高成活率尤为重要。

一、新生犊牛的护理

犊牛出生后，应立即将犊牛从母牛身边转移到温度适宜（16~24℃）的环境中。正常的呼吸力量不足，不能促进肺液排出，人工呼吸也不能将肺液排出，所以需要呼吸刺激，而且首次呼吸应该类似喘息，因为喘息能引起肺液从肺部排入血液，同时为肺部提供表面活性剂。给犊牛面部喷冷水的方法诱导犊牛喘息最有效，也可用小指或粗草秸刺激鼻孔。犊牛呼吸后，用粗糙且吸水性强的毛巾用力擦干犊牛，脐带应浸7%碘酒或洗必泰溶液，同时给犊牛提供适量的优质初乳。

二、合理喂初乳

刚出生的犊牛，没有任何抵御外界感染的能力，此时抗感染的能力是通过初乳获得的。这种具有抗感染作用的初乳只能在出生后13小时之内通过新生犊牛的肠壁进入血液。因此，最晚在犊牛出生后15~20分钟之内应该让犊牛吃到足够量的初乳，以使犊牛最早获取抗感染能力。

初乳供给量按初生重（千克）×5%计算，如犊牛的初生重为35千克，则供给初乳1.75千克（35千克×5/100）。如果犊牛第一次就能吃到足量的初乳，第二次可在5~7小时以后进行，以防止犊牛吃撑（新生犊牛胃的最大容量为2升）。如果新生犊牛在出生后20分钟之内不能吃到足够量的初乳，应该由饲养人员用带吮嘴的桶以每小时1次的间隔尽快补齐。出生后6小时的第二次饲喂量按初生重（千克）×6%计算。

所喂初乳的温度应与犊牛体温一致（38.5℃），奶桶必须干净，奶嘴的高度与自然吮吸母乳的高度基本一致（图8-1）。

此后每天饲喂初乳 3~4 次，每次 1.25~2.5 千克，每次饲喂量不超过犊牛体重的 5%，直至 3 日龄。

三、犊牛的断奶

尽早断奶可以减少哺乳量，降低犊牛饲养瘤胃成本，促进犊牛消化系统发育。断奶时间主要取决于犊牛饲养成本控制、增重情况、牛舍容量等因素。断奶时机可选择在犊牛连续 3 天采食颗粒料达到 1.0~1.2 千克时。如果断奶后犊牛颗粒料采食量低于 1 千克，则容易发生腹泻。我国多采取 2 月龄断奶法。如果断奶后连续 2 天腹泻，可在饲料中加入敏感抗生素。为

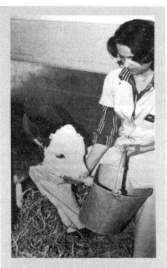

图 8-1　带吮嘴奶桶及饲喂高度

了减少断奶和断奶转群引起的应激，可以在犊牛断奶后仍在原处单独饲养 1~2 周。

四、犊牛的饲喂

犊牛 4~7 日龄时，每天饲喂常乳 4 千克；8~14 日龄时，每天饲喂常乳 5 千克；15~35 日龄时，每天饲喂常乳 6.5 千克；36~49 日龄时，每天饲喂常乳 5 千克；50~60 日龄时，每天饲喂常乳 3 千克。

7 日龄时开始饲喂犊牛开食料。开食料中的粗蛋白质含量应为 18%~20%，总可消化养分占 80%，并且可添加抗球虫药，降低犊牛感染亚临床球虫病的概率。在这个阶段，饲料的物理形态比其营养含量更重要。为了刺激犊牛采食，开食料必须含有粗纤维，避免细碎饲料，从而降低粉尘。通常饲喂全价颗粒饲料会增加适口性，并利于犊牛平衡摄取各种营养成分，但颗粒太硬就不易食用。通常在犊牛开食料中添加糖蜜（可达 7.5%）以提高适口性，降低粉尘。

在这个阶段，饲喂消化率低、过度成熟的豆科植物会导致犊牛发酵速度慢或者咀嚼效率低；饲料在瘤胃中的时间延长且干物质摄取量下降，所以应限制干草的饲喂量。此外，由于犊牛瘤胃的容量十分有限，

总的干物质摄取量也会降低；少量采食粗饲料也限制开食料的采食量并可因此减缓瘤胃发育。所以，应给犊牛饲喂最优质的干草（未成熟的禾本科干草或者禾本科与豆科的混合干草）。

犊牛出生后应一直保证饮用水的供应。10 日龄以内的犊牛，饮水温度控制在 36～37℃；10 日龄以后，饮水温度一般不低于 15℃。

五、其他方面

建议犊牛在 2 月龄前进行早期去角。在这个年龄，犊牛的角根芽在头骨顶部皮肤层，处于游离状态。2 月龄后，牛角根芽开始附着在头骨上，牛角开始生长。幼龄犊牛容易处理且出血少。同时，犊牛早期去角可以减少感染和蝇虫困扰的危险。通过加热去角的方法包括电动式（12 伏、24 伏和 120 伏）和气压式。这些方法是通过灼烧牛角根芽周围组织、烧烙供应牛角血液的血管进行去角，只要角根芽周围组织灼烧完全，这些方法就很有效，且流血少，很少吸引苍蝇。奶农也可以选择在犊牛 2～3 周龄时用腐蚀剂方法进行去角，但是这种方法效果不理想，且操作复杂。

另外，还需除去副乳头。母犊牛出生时乳头可能多于 4 个。多余的乳头通常位于 1 个或 2 个后乳头后部，也可能位于乳房一侧或两侧前、后乳头之间。因为多余乳头没有价值，既影响乳房外观，又影响产奶性能，所在应在犊牛 1～2 月龄时去除多余的乳头。

第二节　犊牛疾病的防控

一、新生犊牛疾病

1. 脐部疾病

（1）脐部脏器突出

【临床特点】　临床上有少数犊牛在出生后就可见脐部有内脏器官突出（彩图 5）。突出的肠管（空肠）可能会全部暴露，或包裹于突出的腹膜囊中。切开其突出的腹膜囊，可以看到充血的肠管。患病犊牛走动时，常引起暴露的肠管破裂，导致预后不良。暴露严重的病例，由于缺血坏死，肠管变为暗红色。

【治疗方法】　除了新发生病例（发病时间少于 3 小时）外，其余病例手术治疗效果难以保证。

（2）脐病（脐静脉炎） 脐静脉的炎症，常常是由脐部组织感染引起的。

【临床特点】 在脐带干燥以前（正常情况下为 1 周），由于缺乏皮肤和其他保护性组织，脐带特别容易受到感染（彩图 6）。典型的病症为全身发热，脐部肿胀、疼痛，流出恶臭的乳白色脓汁。细菌培养结果显示常为混合感染，病原包括埃希氏大肠杆菌、变形杆菌、葡萄球菌、化脓性隐秘杆菌。病程长达数周。

股部内侧区域脱毛是由于尿液浸染和畜主过度清洗脐部引起的。有些病例虽没有大量的液体分泌，但是肿胀的脐部断端常潮湿、有恶臭。

【鉴别诊断】 新生犊牛表现出腹泻、食欲减退等症状时，先对脐部进行检查，如果能摸到肿大的索状物，粗细接近铅笔，即可判定为脐病。

【预防措施】 提高产犊的卫生条件，保证犊牛及时食入合适的初乳等。

【治疗方法】 清洗并去除局部的坏死组织，引流，对腹腔内深部病灶进行冲洗，全身使用抗生素等。

（3）脐疝

【临床特点】 公犊牛包皮前可以看到一个大的无痛的有波动性的软肿（彩图 7）。在疝囊内可以触摸到小肠和纤维化的脐带，通过脐孔疝囊内容物容易推回进入腹腔。尽管在公犊牛出生时病情就已存在，但是许多病例直到 2~3 周龄时才被发现。部分脐疝病例与遗传因素有关。

【鉴别诊断】 根据本病的临床症状比较容易进行诊断，但还要注意同下述几种病进行区分。①脐部脓肿发病初期脓肿处不会形成清晰的界限，且脓肿处要比皮肤表面略高，对患处触诊手感坚实，并伴有热感，但不会产生疼痛，随着病程发展，脓肿处逐渐形成清晰的界限，脓肿有所软化，并具有波动感。②脐带感染也会导致脐部发生肿胀，且不会形成明显的界限，用手按压有痕，在病变组织发生坏死、化脓后，会具有波动感，且局部发热，伴有严重疼痛。③肿瘤表面整齐、光滑，质地坚硬，存在包膜，能够活动，且与四周健康组织存在明显的界限，往往伴有出血、疼痛、溃疡等症状。

【治疗方法】 小的疝环经常在 6 个月内闭锁，大的疝环需要进行手术治疗。

（4）脐脓肿

【临床特点】 公犊牛包皮前形成肿胀（彩图 8）。开始时此肿胀发硬、局温高并且疼痛，由于全身发热而导致机体不适。在全身使用抗生素后，肿胀波动性更大。

脐疝和脐脓肿可以同时发生。脐静脉炎或脐脓肿偶可引起局部腹膜炎，从而造成腹壁破溃形成腹壁瘘管。

【鉴别诊断】 犊牛腹部脐带处见拳头大、圆形、不能移动的肿胀。肿胀部位高于皮肤，界限清晰，无破损。触诊肿胀部位，肿胀皮肤紧张，肿胀部位坚硬并有波动积液感，无束状内容物，同时犊牛有疼痛反应，用手触压肿胀基部，并无疝孔、疝轮。

诊断时与犊牛脐疝、脐部感染、脐部肿瘤等疾病加以鉴别。①脐部脓肿初期，脓肿无明显界限，稍高于皮肤表面，触诊局部温度增高，坚实有剧烈疼痛反应；以后界限开始清晰，肿胀部软化出现波动。②犊牛脐疝是犊牛腹腔脏器经扩大的脐孔脱至皮下所致，其主要表现为腹下脐孔部有一个核桃大至拳头大局限性半圆形的柔软肿胀。临床症状表现为脐孔部出现局限性球形肿胀，质地柔软，个别的可呈现紧张，但无红、痛、热等炎性反应。病初多数能将疝内容物还纳回腹腔，并可摸到疝轮。在饲喂后及挣扎时脐孔部肿胀可增大。有的听诊可听到肠蠕动音。③脐部感染呈现的肿胀特点是无明显界限，按压有压痕，在组织坏死、化脓后有波动感。④脐部肿瘤是机体中正常组织细胞在不同的病因与促进因素长期作用下，产生的细胞增殖与异常分化而形成的病理性新生物，在体表形成的肿块，常伴有疼痛、溃疡、出血等症状。

【治疗方法】 仔细检查以便确定有无腹腔内容物受到了影响，可采取手术治疗。

2. 胃肠道疾病

(1) 吮脐癖（彩图9） 吮脐癖是群养（舍饲）犊牛群的一种常见恶癖，患这种恶癖的犊牛通常营养不良。被吮吸的犊牛脐部肿大，可能已经受到感染。脐部周围被毛脱落，表明被吮吸的时间已经很长。耳朵、尾和阴囊也可能被吮吸。

【预防措施】 犊牛单独饲养直到断奶后1周，用橡胶奶嘴进行饲喂，不要用奶桶饲喂。

(2) 犊牛腹泻

【病因与发病机制】 在犊牛出生后的最初几周内，肠炎和腹泻是引起犊牛死亡的主要原因。发病原因很多，有些病原引起腹泻时有脱水症状，有些病原则可以导致明显的全身症状。在犊牛出生后的最初几天，引起腹泻的病原常常是细菌，如大肠杆菌、产气荚膜梭菌。这些细菌产生的毒素引起肠道黏膜过度分泌，导致体液丧失，表现为腹泻。病毒感染（轮状病毒和冠状病毒）和隐孢子虫感染常常发生在出生后 10 ~ 14 天（因为从初乳中获得的抗体正在逐渐减少），这两种病原被认为是引起犊牛腹泻的主要原因。腹泻之所以发生，是因为肠壁受到了损伤，机体为对抗病原体而增加了分泌。由沙门菌引起的腹泻可以发生于任何年龄的牛群。

引起犊牛腹泻的其他病原（如细小病毒、布里达病毒、杯状病毒、星状病毒、牛病毒性腹泻-黏膜病病毒和牛传染性鼻气管炎病毒）的发病机理还不是十分清楚。

【预防措施】 注意卫生、及时哺喂初乳及良好的饲养管理是控制犊牛腹泻发生的关键措施。目前市场上有预防大肠杆菌、轮状病毒、冠状病毒和沙门菌等病原引起腹泻的疫苗。

（3）轮状病毒、冠状病毒和隐孢子虫性腹泻（彩图10） 尽管大多数犊牛会感染轮状病毒、冠状病毒和隐孢子虫，但是只有严重感染或3种病同时发生的犊牛才会出现临床症状。隐孢子虫感染后，可能出现里急后重的症状，更为严重的病例可能出现脱水和其他全身症状，如眼窝下陷、鼻镜干燥、鼻黏膜充血甚至流出脓性鼻液。2天后的死后剖检发现，结肠壁增厚、皱缩并出血，通过病原分离鉴定确认为隐孢子虫、轮状病毒、冠状病毒和肠毒性大肠杆菌（本菌引起出血性结肠炎）。

（4）白痢 是指肠管受到损伤时，部分未消化的白色奶液由粪便中排出（彩图11）。现在认为引起白痢的病原有多种，其中包括轮状病毒。暴发白痢期间，在饲喂犊牛的厩舍内可以看到犊牛排出大量的轮状病毒呈阳性的白色粪便。

（5）肠毒血症 产气荚膜梭菌常常使出生数天的犊牛发生肠毒血症，引起小肠发生暗红色缺血性坏死（彩图12）。在其他肠段，可以看到由于肠管蠕动减慢，形成气体引起的肠管臌气。发病犊牛突然死亡，说明本病为 C 型肠毒血症。

（6）沙门菌病 本病是由沙门菌引起的一种广泛的接触性传染病（彩图13），几乎所有器官均可发病，可导致犊牛患肠炎、败血症、关节炎和脑（脊）膜炎。以肠道血清型鼠伤寒沙门菌最为常见，也可以见到其他血清型的沙门菌。

【临床特点】 排出痢疾样粪便，其中混有血液、黏液和黏膜。死后剖检显示为白喉性肠炎，伴有肠黏膜增厚。但是并非所有患病犊牛病情都如此严重。尽管从患病的 3 周龄荷斯坦犊牛痢疾样的粪便中分离到了鼠伤寒沙门菌，但是该犊牛的病情却十分轻微。其他一些病例显示有轻度的肠炎，但主要的变化是肺充血、心外膜和肾脏出血。由过急性败血症（尤其是都柏林沙门菌）恢复的犊牛可能偶尔会发生末端坏死，尤其是耳尖、尾部和四肢等部位。

【鉴别诊断】　急性者，可见腹膜有小点状出血；肠系膜淋巴结水肿、体积肿大，有的病例伴有出血；脾脏充血肿大，切缘外翻。膀胱黏膜可见小点状出血；心脏内外膜、皱胃黏膜、小肠黏膜可见小点状出血。慢性者，可见肝脏浆膜颜色变浅，胆囊肿大，胆汁浓稠、浑浊；肺脏可见颜色暗红的炎症灶，切面流出含有泡沫的液体；有的病例肝脏、脾脏和肾脏出现大小不一的坏死灶。关节炎的病例可见关节肿胀、关节腔内可见胶冻样液体。

根据流行病学特点、临床症状、病理剖检可做出初步诊断，确诊需要进行沙门菌的分离与鉴定，也可结合酶联免疫吸附试验、PCR 检测技术等。采集病死牛内脏器官或病牛血液、血便，进行革兰染色、镜检，见有两端钝圆的革兰阴性短杆菌为沙门菌；再将病料接种麦康凯琼脂培养基，在 37℃ 条件下，恒温培养箱中培养 24 小时，见有无色透明的圆形菌落，经革兰染色为沙门菌特征，即可定为沙门菌菌落。

【预防措施】　隔离患病犊牛，提高饲养卫生条件，必须保证犊牛出生后 6 小时内摄入足量的初乳。母牛应该注射疫苗以预防肠炎、败血症和流产，犊牛也应该注射疫苗。应该注意的是，本病也可以通过动物传染给人，工作人员应注意自身防护。

【治疗方法】　口服电解质溶液，严重病例应静脉输液。

（7）皱胃溃疡（彩图 14）

【临床特点】　对于饲喂牛奶的犊牛，患皱胃溃疡时可能伴有急性的皱胃臌气。患病犊牛右腹胀气，腹部剧烈疼痛甚至休克。然而，大多数病例为亚临床型，可能与饲喂不规律和过早饲喂干饲料有关。

【鉴别诊断】　皱胃溃疡的主要发病机理是皱胃分泌的凝乳酶、胃蛋白酶在低酸度环境下对胃组织发生的自体消化。长期不愈的慢性病理性肉芽创炎症病灶是皱胃溃疡的典型病变，在皱胃壁可见到溃疡灶，重度皱胃溃疡可形成胃穿孔及腹膜炎。导致胃黏膜等胃组织糜烂、坏死、穿孔的基础原因是胃组织因局部缺血而发生的组织坏死。大量的病理剖检证明，其溃疡和坏死灶多发生于胃壁易发生缺血的部位，即皱胃大弯中线附近。这是因为皱胃的血管是从皱胃小弯的中线开始，对称性地向胃壁两侧分布，在血管分布过程中血管分支逐渐增多，并由大血管变成细小血管，最后胃壁两侧的血管通过树枝样的小血管在皱胃大弯中线部汇合，在两侧血管汇合处血管的分布存在肉眼可见的空白区域，因此皱胃大弯中线部血管分布密度最小，此部位也就成了最容易发生缺血的部位，血液循环最差部位就是胃穿孔多发部位。

对于犊牛皱胃溃疡的诊断在其病程后期，通过临床症状可做出诊断，但对于处于病程早期或轻度的皱胃溃疡，临床诊断则较为困难。在实验室诊断中，血液白细胞总数减少、贫血、红细胞数下降、粪便长时间潜血阳性是确诊本病的重要指标，再结合临床症状及病程即可做出诊断。

【预防措施】 避免过饲或突然更换日粮。

【治疗方法】 用胃复安（甲氧氯普胺）控制皱胃臌气；非甾体抗炎药物、抗炎药物和抗生素有助于控制炎症和溃疡。

(8) 球虫病（彩图 15） 是指小肠后段、盲肠、结肠和直肠的邱氏艾美耳球虫或牛艾美耳球虫感染。

【临床特点】 本病与犊牛群的饲喂环境不卫生有关。哺乳母牛可以是带虫者，球虫卵可以在环境中存活数月之久。球虫病的潜伏期为 17 ~ 21 天。患病犊牛精神沉郁、体温升高，通常排泄水样粪便，粪便中常混有血液。持续排出少量血便和里急后重是本病的特异性症状。肛门括约肌松弛，直肠黏膜暴露。由于粪便的浸染，腿内侧被毛脱落。新排出的粪便表面带有血液是本病的常见症状，但这种症状更多地发生于应激（如运输或市场买卖等）之后。

【鉴别诊断】 剖检濒临死亡的患病犊牛，发现尸体严重消瘦，可视黏膜呈苍白色，肛门张开、外翻。直肠发生明显病变，黏膜变得肥厚，存在出血点，部分甚至出现溃疡灶，直径一般为 4 ~ 15 毫米，尤其是盲肠黏膜会发生更加明显的出血。直肠内含有大量的褐色粪便，其中混杂黏膜碎片、纤维薄膜及血凝块，并散发恶臭味。肠系膜淋巴结发生肿大。

进行实验室诊断时，取 1 张干燥、清洁的载玻片，在中央滴加 1 滴水，再用牙签取少量犊牛刚排出的新鲜血便，放在水中充分混合，接着用镊子夹出粪渣和血凝块，放上盖玻片使用后置显微镜观察，发现视野内存在大量的球虫卵囊。尽管在粪便中检出一定数量的致病球虫卵囊具有一定的诊断意义，但由于在排出大量卵囊的 1～2 天前就会出现腹泻，且能够持续到卵囊排出量下降至低水平后，便无法一直在单个粪样中发现卵囊，因此必须进行多次检查。一般来说，犊牛感染少量的感染性球虫卵囊不会导致发病，反而能够刺激机体形成一定的免疫力；当感染卵囊数量超过 10 万个时，就会表现出明显的症状；当感染超过 25 万个时，犊牛就会死亡。当患病犊牛在临床上发生血痢且排出散发恶臭味的粪便时，可取粪便进行饱和盐水漂浮法检查，或者刮取直肠壁附着物直接进行涂片镜检，如果发现球虫卵囊就能够确诊。当患病犊牛在临床上主要表现为出血性肠炎症状时，可采集粪样直接进行镜检，如果看到大量的球虫卵囊就能够确诊。如果对粪样直接进行镜检时未观察到球虫卵囊，只是在浓集镜检时才能够看到少量的球虫卵囊，此时做出诊断结论必须慎重，防止造成误判。

【预防措施】　可以通过改善饲养管理如改善饲喂方法、防止粪便污染等办法进行预防。

【治疗方法】　口服地考喹酯、安普罗胺或磺胺喹噁啉，严重病例应通过胃肠外途径给予磺胺药物。

(9) 坏死性肠炎（彩图 16）　本病的发病原因尚不明确。

【临床特点】　主要症状是里急后重，腹泻或下痢，鼻腔和口腔损伤，具有黏膜病的症状，但是在发病犊牛身上检查不到牛病毒性腹泻抗原。

【治疗方法】　支持疗法。

(10) 瘤胃臌气和消化性腹泻（断奶期犊牛腹泻，见彩图 17）　哺乳犊牛瘤胃内气体积聚，并且伴发轻度腹泻。

【临床特点】　饲喂不当使食管沟闭锁不全，导致断奶前后的犊牛发生腹泻和慢性瘤胃臌气。牛奶进入瘤胃后可以引起瘤胃臌胀，并伴发严重的腹痛。断奶前精饲料摄入不足也影响了犊牛瘤胃的发育。高淀粉、低纤维素的日粮可导致瘤胃内酸度增高，容易引起断奶期犊牛腹泻。同样，饲喂不规律、瘤胃发育不良、抗营养因子如麦麸量过高和大豆内胰蛋白酶抑制剂等也可引起本病发生。本病发病率低，但发病后致死率高。

【鉴别诊断】　瘤胃臌气的临床特点主要在于左侧腹围膨大明显，且叩诊牛瘤胃存在鼓音。根据牛瘤胃臌气的性质，可分为非泡沫性臌气与泡沫性臌气两种。患有瘤胃臌气的牛眼结膜充血严重，同时伴有腹痛、萎靡等症状，常有用脚踢左腹部或者回头观腹等异常行为。病牛初期有

恐惧、四处张望等表现，食欲不振，病情严重情况下，牛的眼球较为突出，甚至不能独自站立。

患消化性腹泻的犊牛排灰白色粥样或水样粪便，内混有未消化的凝乳块，酸腥臭。如果体温正常，全身状态一般良好，则为单纯性消化不良腹泻。如果肠道内感染病原菌，排恶臭、黑绿色或黄白色稀粪，体温升高，精神沉郁，全身状态逐渐恶化，则为中毒性消化不良腹泻，严重时病牛精神沉郁，头底耳聋，眼球凹陷，被毛粗糙，皮肤弹性下降，鼻镜干燥，尾跟部被粪便污染，腹部听诊发现肠音高朗，有轻度的腹痛。粪便带有未消化的饲料、脂肪小滴或暗色的稀软水样、豁液或鲜血、里急后重。脉搏加快至 110 次/分，呼吸迫促，为 58 次/分。

【预防措施】 饲喂营养均衡高质量的日粮促进瘤胃的发育。日粮最好较粗糙，粗混日粮比小颗粒的饲料引起的问题要少一些，因为在饲喂粗混日粮时，犊牛的采食量比颗粒饲料少，而咀嚼和唾液的分泌却相对增加。另外，要加强卫生管理。

3. 皮肤病

(1) 脱毛症 犊牛有 3 种典型的引起脱毛或被毛减少的疾病。

1）特发性脱毛。特发性脱毛经常发生在头部，全身脱毛的情况较少见。牛奶过敏和维生素 E 缺乏可能是本病的病因。大多数病例不经治疗，经过 1~2 个月可缓慢恢复。

2）腹泻后脱毛。犊牛因轮状病毒感染发生严重腹泻后，粪便浸染导致会阴部和尾腹侧完全脱毛而裸露。发病犊牛躺卧后也可以造成跗部和腹下部包括脐部更多的被毛脱落。脱毛也可能与尿液的浸染有关。

3）口鼻部脱毛（彩图 18）。这种类型的脱毛常发生于饲喂代乳品的犊牛，是由代乳品中的脂肪球粘在口鼻部而引起的。发病原因包括代乳品混合不充分、液体温度偏低、饮食速度过慢等。

4. 其他疾病

(1) 白喉（口腔坏死杆菌病、坏死性喉炎） 本病是由坏死梭菌引起的颊、舌、咽、喉的溃疡性坏死（彩图 19）。

【临床特点】 白喉的临床症状很多。轻症病例表现为颊部感染，颊的外部有肿胀处并出现口腔溃疡。如果舌也发病，则可以见到有过度分泌的唾液。患病犊牛出现流涎和食物反流，尤其在咀嚼食物的时候。少数病例可影响喉部，其症状为重度呼吸困难、喘鸣（"咆哮式"呼吸）、体温升高，这类病例精神极好，并能够饮食，因此可以确定不是肺炎。

一般情况下在其喉外部触摸不到肿胀。原发性损伤可能是喉软骨的接触性溃疡，经常闻到明显的恶臭。

死后剖检揭示有干酪样的感染，感染常位于声带两侧和控制气流通过的勺状软骨内角。

【鉴别诊断】　本病典型病变主要在口腔、喉咽、气管和肺部。舌面有坏死灶和溃烂灶，数量较多，病变明显，黄豆大小；口腔内颊部表面也有溃烂斑，黏膜潮红；喉室入口因肿胀而变得狭窄，会厌软骨、杓状软骨、喉室黏膜附有一层灰白或污褐色伪膜，伪膜下有溃疡。重症咽喉部淋巴结化脓、坏死，气管内膜呈炎症变化，肺部有出血及肺内形成灰黄色结节，干燥硬固症状。

根据本病的发生部位、流行病学特点和坏死组织的特殊臭味及转移性坏死灶等特点，可做出初步诊断。确诊本病可采集病料涂片、染色，镜下检查，通过病原体形状进行确诊。也可采取喉部淋巴结化脓坏死组织，通过培养、分离进行病原培养鉴定。

【治疗方法】　除喉部损伤的白喉外，其他症状的白喉通过注射抗生素都很见效。对于影响喉部的白喉，治疗需 2~3 周的时间。严重病例应行气管切开术，同时使用药物辅助治疗。

（2）关节疾病（彩图 20）

【临床特点】　犊牛出生时脐部感染并引起的败血症（见脐静脉炎）也可能使关节受到感染而引起关节炎和重度跛行，尤其是初乳摄入不足的犊牛。由于关节内脓性纤维蛋白物质的积聚和关节周围软组织的反应，造成犊牛腕关节肿胀。患病犊牛体温升高，发病关节常为跗关节、腕关节和膝关节，多关节炎常常是致死性的。关节疾病初发于 3~4 周龄犊牛（较脐静脉稍晚），典型病例没有脐部感染的残存痕迹。

【鉴别诊断】　本病症状包括明显的跛行，关节囊肿胀，局部温热，触诊或伸展、屈曲关节时有疼痛反应。病牛低温发烧（39.4~40.0℃）。病牛躺卧时姿势可能异常，卧地时患肢伸展或侧卧，以便更容易伸展患肢。患多关节慢性关节炎的犊牛或成年牛往往长时间躺卧，可继发曲腱挛缩，这种病例须与原发性曲腱挛缩相区别。

在实验室诊断中，对关节消毒后穿刺，取滑液做细胞学检查和病原培养。检查异常的滑液可做出大体诊断，但实验室的分析结果对诊断有极大帮助。细胞学检查常发现白细胞超过 30000 个/微升，总固形物超过 0.3 克/升。革兰染色可明显看到细菌，若做细菌鉴定则需要进行培养。

大多数细菌性关节炎，可清楚见到变性的中性白细胞，但发生急性支原体性关节炎时可能见不到。慢性毒脓性关节炎，滑液外观呈脓状。急性关节感染的射线照片显示关节腔变宽，这是由于滑液增多所致。慢性感染则显示关节腔变窄，这是因为关节软骨磨蚀、软骨下骨组织受到侵蚀和骨增殖、骨膜炎，以及偶发的骨髓炎。

【治疗方法】 迅速给予大剂量的广谱抗生素，疗程要长（7~10天），同时给予消炎药物进行数天的辅助治疗。冲洗关节可能有用。近年来采用关节内植入庆大霉素的方法治疗本病，收到了很好的效果。

（3）碘缺乏性甲状腺肿（彩图21）

【临床特点】 怀孕母牛需要摄取更多量的碘，若碘摄取不足，可能产死胎或甲状腺肿大（＞20克）的弱犊。绝大多数的病例并不见有外部肿胀，须将肿大的甲状腺切除并称重。患病犊牛也可以出现水肿和脱毛等症状。在远离大海的地区、山区和花岗岩地区的土壤中常常缺碘。

【治疗方法】 轻症病例使用碘盐治疗有效。在怀疑缺碘的地区和饲料中含有高水平致甲状腺肿物质的地区，应该给怀孕母牛饲喂含量稳定的碘盐。

二、犊牛疾病预防

幼龄犊牛免疫系统不成熟，极易感染传染性疾病。因此，在这个阶段保持犊牛健康对保证经济效益至关重要。奶业生产已经建立完善的防疫系统，同样的防御观念可以应用到犊牛管理上。

母体获得最佳免疫，对于犊牛而言，防疫程序的根本是做好初乳饲喂管理。因为新生犊牛免疫系统不完善，母源抗体抑制犊牛内源性抗体的产生，所以一般4月龄前注射疫苗对犊牛无效。缺乏初乳的犊牛可以静脉注射外源性免疫球蛋白，以支持其免疫系统。防止脱水是保证免疫系统正常发挥功能的重要条件。营养适当也是保证免疫系统对入侵病原体做出最佳反应的必要条件。防疫计划的最重要组成部分可以总结为以下两条。

1. 最大限度减少与病原体接触

卫生条件和减少接触是控制犊牛接触病原体的关键。卫生要从产房开始，犊牛出生在肮脏的环境是危及其安全的开始。整个断奶前期垫草的选择和垫草量对犊牛健康至关重要。犊牛舍应位于通风良好、排水流畅的区域。尽管可以利用多种不同类型的犊牛房舍系统成功地饲养犊牛，然而个体单独的犊牛舍系统更容易控制病原体侵入或接触。犊牛舍通风良好极为重要，因为犊牛极易感染呼吸道病原体。犊牛之间保持足够空间，对减少病原体通过空气在犊牛之间的传播也是重要的。犊牛饲养在垫高的厩舍中或在没有垫草的沙砾上是最好的选择，因为可以不断地彻底清除排泄物，切断病原体与犊牛的接触。其他需要垫草的犊牛舍也必须尽可能保持干燥、卫生、通风良好，尤其暴发疾病时更应如此。

2. 控制病原体接触需要犊牛管理员也保持良好的卫生习惯

兽医应首先考虑犊牛护理问题而后考虑其他年龄段的牛群，防止病原体在牛场内部传播。同样地，从事犊牛日常管理的工作人员应避免将病原体传播到牛场其他区域或在犊牛之间传播。在奶牛场，应将犊牛饲养区与其他养殖区域分开，排水沟应从犊牛舍区流出。一般很少考虑犊牛在冬季寒冷条件下的饲养问题，只要犊牛舍保持干燥、环境不变，冬季的低温不会构成危险。犊牛出生时褐色脂肪含量高，可以产生非颤抖性生热作用。但是，如果犊牛出生后先在适宜温度环境下饲养几天，然后再转移到寒冷的地方就会很危险，因为犊牛出生后没有利用的褐色脂肪会迅速降解。

第九章
重大疫病应急措施

传染病是由各种病原体引起的能在人与人、动物与动物或动物与人之间相互传播的一类疾病。

目前，根据动物传染病对人和动物的危害程度、造成经济损失的大小和国家扑灭措施的需要，我国将动物传染病分为一类、二类和三类动物疫病。

一类动物传染病是指对人畜危害严重，需要采取紧急、严厉的强制预防、控制、扑灭等措施的疫病，主要有口蹄疫、猪水疱病、猪瘟、非洲猪瘟、高致病性猪蓝耳病、非洲马瘟、牛瘟、牛传染性胸膜肺炎、牛海绵状脑病、痒病、蓝舌病、小反刍兽疫、绵羊痘和山羊痘、高致病性禽流感、新城疫、鲤春病毒血症、白斑综合征。

二类动物传染病主要是多种人畜共患病，如狂犬病、布鲁氏菌病、炭疽、伪狂犬病、魏氏梭菌病、副结核病、弓形虫病、棘球蚴病、钩端螺旋体病等。

三类动物传染病是指常见多发、可能造成重大经济损失、需要控制和净化的传染病，主要如下。

（1）牛病 牛结核病、牛传染性鼻气管炎、牛恶性卡他热、牛白血病、牛出血性败血症、牛梨形虫病（牛焦虫病）、牛锥虫病、日本血吸虫病。

（2）绵羊和山羊病 山羊关节炎脑炎、梅迪-维斯纳病。

（3）猪病 猪繁殖与呼吸综合征（经典猪蓝耳病）、猪乙型脑炎、猪细小病毒病、猪丹毒、猪肺疫、猪链球菌病、猪传染性萎缩性鼻炎、猪支原体肺炎、旋毛虫病、猪囊尾蚴病、猪圆环病毒病、副猪嗜血杆菌病。

（4）马病 马传染性贫血、马流行性淋巴管炎、马鼻疽、马巴贝斯虫病、伊氏锥虫病。

（5）禽病 鸡传染性喉气管炎、鸡传染性支气管炎、传染性法氏囊病、马立克氏病、产蛋下降综合征、禽白血病、禽痘、鸭瘟、鸭病毒性肝炎、鸭浆膜炎、小鹅瘟、禽霍乱、鸡白痢、禽伤寒、鸡败血支原体感染、鸡球虫病、低致病性禽流感、禽网状内皮组织增殖症。

（6）兔病　兔病毒性出血病、兔黏液瘤病、野兔热、兔球虫病。

（7）蜜蜂病　美洲幼虫腐臭病、欧洲幼虫腐臭病。

（8）鱼类病　草鱼出血病、传染性脾肾坏死病、锦鲤疱疹病毒病、刺激隐核虫病、淡水鱼细菌性败血症、病毒性神经坏死病、流行性造血器官坏死病、斑点叉尾鮰病毒病、传染性造血器官坏死病、病毒性出血性败血症、流行性溃疡综合征。

（9）甲壳类病　桃拉综合征、黄头病、罗氏沼虾白尾病、对虾杆状病毒病、传染性皮下和造血器官坏死病、传染性肌肉坏死病。

第一节　工作人员应做的防控措施

当人类重大疫病来临时，作为从事动物生产的工作人员，除保证自身安全外，还必须保证动物生产过程中所有环节安全。而目前的动物生产又是高度集约化的过程，整个动物生产链条中各个环节的工作人员都必须高度重视重大疫病的防控。此次新冠肺炎给动物生产所造成的影响尤其明显，下面以该疫情为例进行介绍。

新冠肺炎发生时，应快速建立防控应急预案，主要包括以下内容。

1. 编制目的和依据

指导企业做好新冠病毒肺炎防控工作，并制定相应应急预案，坚决防止因企业生产导致的疫情扩散，确保辖区各企业安全顺利复工和整体疫情稳定可控。预案编制应依据国家、省、市、区关于加强新型冠状病毒感染的肺炎疫情防控工作文件及会议要求。

2. 基本原则

以快速准确处置突发疫情为目标，统一指挥、分级负责，一旦发生疫情事件，能以最快的速度、最大的效能，有序实施管控，最大限度减少人员伤亡和财产损失，把疫情造成的损失和影响降低到最低程度。

3. 应急指挥机构及职责

企业成立疫情防控工作领导小组，明确疫情防控要点和工作程序，对相关人员进行培训，责任落实到人。成立疫情应急处置管理办公室，负责本预案的执行与日常管理工作。

全面负责企业疫情防控工作，拟定修改企业疫情防控方案和应急预案，组织疫情事件应急演练，监督检查各部门防控工作落实情况。对突发疫情事件进行决策，调动各应急处置力量和物资，及时掌握突发事件的发展态势，全面指挥应急处置工作。

4. 设置专门集中隔离观察点

根据企业规模和排查的人员情况，设置专门的集中观察隔离点，保证一人一间，数量足够。观察隔离点应符合集中医学观察点设置要求。

5. 应急物资准备

根据企业规模、员工数量准备充足的医用口罩、洗手液（肥皂）、消毒液、测温仪等防控物资（储备不少于1周的用量）。

6. 对企业人员进行全覆盖摸底排查

对企业所有返岗员工进行排查，建立详细的排查人员登记表，要细化到人。

分类建立人员排查清单，并动态更新，对于正在疫情发生地区的人员，在疫情解除前暂不安排返岗；对于14天内从疫情地区返回的人员必须进行14天医学隔离观察，并做好记录，观察期满无发病方可返岗；有病例（疑似病例）接触史的返回人员，配合属地相关部门实行集中医学观察，观察期满无发病方可返岗。

7. 汇总信息及上报

对人员摸排信息进行汇总分析，汇总信息上报各功能区主管局。加强信息互通，建立企业联络员工作群，畅通企业、街道、部门之间的信息沟通渠道，企业第一时间及时报送有关信息，有关部门第一时间对企业进行指导，并对突发情况进行处置。

8. 严格落实日常防控措施

严格落实健康筛查，上下班前要安排专人负责进行体温检测，有条件的企业要建立疫情防控临时医务室。确保工作环境清洁卫生，保持室内空气流通，做好食堂、宿舍、办公场所等人员密集场所的通风、消毒和防疫工作。采取分餐、错时用餐等措施，减少人员聚集引发的疫情传播隐患。严格落实防护措施，员工要佩戴口罩，杜绝各类群体性聚餐、聚集活动，严防群体性疫情发生。做好新冠肺炎防治知识健康宣教，重点针对如何正确佩戴口罩、如何规范处置废弃口罩、如何规范洗手等加强培训。加强疫情应急预案的演练，对所有参加人员进行应急预案知识培训，使各级人员能熟练掌握预案内容。

9. 突发疫情应急处置

当发现疫情时，发现人或疑似病患本人应立即将疫情发生的情况（包括时间、地点、人员、症状、人员数量等）报告应急处置日常管理办公室，企业第一时间上启动应急预案，将疫情信息第一时间上报所在街道办事处和区疾控中心，按照工作流程将疑似人员转运到定点医疗机构进行诊治，并立即封锁相关区域，对疑似病例密切接触者进行彻底排查，对相关场所进行彻底消杀。

10. 后续工作

突发疫情处置结束，应急处置管理办公室收集、整理应急处置工作记录、方案、文件等资料，组织各部门对应急处置过程和应急处置保障等工作进行总结和评估，提出改进意见和建议，并将总结评估报告报上级主管部门。

第二节　牧场应做的防控措施

口蹄疫等发病率或者死亡率高的动物疫病突然发生，迅速传播，会给养殖业生产安全造成严重威胁、危害，也可能对公众身体健康与生命安全造成危害。近些年，牧场的重大疫情时有发生，必须引起高度重视。

一、加强完善牧场重大疫情应急预案

牧场要制定重大疫情应急预案，当出现重大疫情时，做到依法防治，科学合理，有条不紊，减小经济损失。牧场突然发生发病率高或死亡率高的奶牛疫病（指奶牛口蹄疫或流行热等），并迅速传播时，会给奶牛生产安全造成严重威胁和危害，也有可能对公众身体健康及生命安全造成危害，此时要紧急启动疫情应急预案。应急预案的内容应包含以下内容。

1）重大奶牛疫情应急工作应当坚持及时上报、依靠科学、依法防治、果断处置的原则，做到及时发现、快速反应、严格处理。

2）牧场领导和兽医主管要经常了解动物疫情。当邻近省份发生家畜口蹄疫、流行热等疫情时，牧场领导和兽医主管要引起重视，加强宣传，禁止来自疫区的人员车辆入场，同时禁止工作人员到疫区办理事务。

3）应急预警。当牧场周围100千米范围内发生家畜疫情时（口蹄疫、流行热等），牧场应进入防疫应急预警状态，停止一切入场、出场参观等活动。对牛群进行一次紧急接种，停止出售淘汰牛车辆入场。所有入场人员及车辆都要严格消毒，增加场内消毒频率。

4）应急响应。当牧场出现重大奶牛疫病或疑似病例时，由应急防疫小组组长宣布企业所有员工及工作进入紧急状态。按程序尽快向上级有关部门报告，按动物防疫法和地方动防部门要求处置。

5）重大动物疫情对策研究。当出现重大动物疫情，或疑似疫情未得到有效控制继续扩散时，牧场防疫领导小组要及时召开疫情防控会议，研究对策。

① 隔离、扑杀、接种。对表现临床症状或疑似感染的病牛应立即隔离饲养，隔离区应选在偏僻、下风、便于消毒的地方，对症状严重或无治疗价值的牛尽快扑杀并做无害化处理。对和病牛有接触但无症状的可疑牛，集中隔离到病牛舍观察。对没有与病牛接触，但邻近牛舍饲养的作为假定健康群，立即进行免疫接种，必要时转移到安全地方饲养。

② 消毒。疫情应急期间，场地消毒频率为 2 次/周。对病牛接触的工具用具、场地，用来苏儿等彻底消毒。剩余饲料经消毒后废弃。病牛舍、可疑牛舍、假定健康牛舍的饲养、兽医等人员严格分开，不能相互穿插。

③ 布置疫情防控相关工作。如杀虫、环境卫生、物资采购与运输、资金安排、寻求技术力量支持等，以求尽快扑灭疫情。防疫小组至少每天进行 1 次信息沟通，掌握疫情进展，研讨对策。对阶段性工作进行小结，及时改进工作过程中存在的不足。

6）应急状态下的应对方案。明确应急状态下的值班、加班制度，明确疫情报告、巡查制度。可以治疗的疫病，经讨论明确治疗用药方案。

7）解除应急状态。最后一头牛发病以后，在两个潜伏期未有新的发病，经最后一次彻底大消毒后，可解除应急状态。

8）总结。

① 总结事件处理过程是否得当，认真收集相关数据。

② 检查之前执行的防疫措施及免疫程序是否存在漏洞，做出相应的调整。

③ 对不按规定执行的人员进行相关处理，对疫情应急过程中的部分有功人员进行奖励。

二、应急预案案例

1. 总则

（1）编制目的 传染性流行病的应急预案是保证奶牛健康的必要预

防措施，为保证×××奶牛养殖场奶牛健康，避免因疫情流行导致的经济损失，根据×××奶牛养殖场的实际情况，特制定本应急预案。

（2）适用范围 本预案适用于×××奶牛养殖场。

2. 危险目标

传染性疾病的主要危害是导致奶牛患病甚至死亡，所产的牛奶中带有病毒，有的病源甚至可传染人，致使人患病。

一号目标：出现炭疽、口蹄疫等重大传染病流行。

二号目标：出现结核病、布鲁氏菌病等传染病流行。

三号目标：出现牛出血性败血症、焦虫病等一般传染病。

3. 组织机构

（1）人员组成 防疫小组组长由主管技术的场长担任，小组成员由牧场的技术员组成。

（2）主要职责

1）防疫小组组长。

① 主要负责对重大疫情处置的指挥和协调工作。

② 组织技术人员对疫情进行控制，严防扩散。

③ 组织人员对危害较重的传染病及时划区封锁，建立封锁带，对出入人员和车辆严格消毒，同时严格消毒污染环境。

④ 组织人员对病牛及封锁区内的牛只实行合理的综合防治措施。

⑤ 对疫情尽快做出确切诊断，必要时迅速向有关部门报告疫情。

⑥ 决定其他重大应急措施。

2）防疫小组成员。

① 协助防疫小组组长工作。

② 防疫小组组长不在时，代行防疫小组组长职责。

③ 疫情发生时，对疫情进行控制，严防扩散。

④ 发现疫情迅速向防疫小组组长报告。

⑤ 接受防疫小组组长指令。

⑥ 服从分配，积极负责，不得逃避。

4. 疫情上报

企业内任何人一旦掌握疫情发生的情况，应迅速向上一级或最高负责人报告，必要时，防疫小组组长通过电话等形式向当地政府、畜牧局、兽医站等有关部门报告。疫情发生后，必须在第一时间上报疫情的基本情况。

报告内容包括：发生疫情的企业名称、联系人和联系电话；发生疫情的地点、时间（年、月、日、时、分）及涉及范围；疫情处理的情况和采取的措施；需要有关部门和单位进行疫情防控和处理的有关事宜。

5. 应急处置

（1）自行处置

① 根据发生疫情的具体情况，防疫小组成员按照不同疫情处理方案组织开展疫情防控，防止疫情蔓延，及早扑灭疫情，并及时报告。

② 在对疫情进行防控时，应当做好记录，采取拍照、摄像、绘图等方法详细记录疫情发生的实际情况。

（2）救助处置　难以控制和消除疫情，外部单位、政府部门赶到并组织开展处理时，防疫小组成员及组长应积极配合；报告事故发生情况、自行处置情况、目前情况等。

6. 保障措施

（1）通信保障　防疫小组成员、防疫小组组长和公司应配备必要的通信设备，并确保通信设备完好和联络通畅。当联系电话号码发生变更时，应互相通报，公示应报告部门名称和电话。

（2）器材保障　配备必要的疫病防治药品和器材。

（3）知识保障　经常性地进行疫病防治培训教育，提高疫病预防意识。

附 录
动物性食品安全检测的各类规范标准和快速检测产品

动物性食品安全检测的各类规范标准和快速检测产品，见附表 1 ~ 附表 5。

附表 1　药物的休药期和弃奶期

兽药产品名称	标准来源	休药期/弃奶期
土霉素子宫注入剂	农业部公告第 1589 号	弃奶期 3 天
土霉素片	2015 年版《中国兽药典》	牛、羊休药期 7 天，弃奶期 72 小时
土霉素注射液	2017 年版《兽药质量标准》	牛、羊休药期 28 天；弃奶期 7 天
长效土霉素注射液	农业部公告第 2532 号	牛、羊休药期 28 天；弃奶期 7 天
注射用盐酸四环素	2015 年版《中国兽药典》	牛、羊休药期 8 天；弃奶期 48 小时
四环素片	2017 年版《兽药质量标准》	牛休药期 12 天
马波沙星注射液	农业农村部公告第 89 号	牛肌内注射休药期 3 天，弃奶期 72 小时；牛皮下注射休药期 6 天，弃奶期 36 小时
硫酸卡那霉素注射液	2015 年版《中国兽药典》	休药期 28 天，弃奶期 7 天
注射用硫酸卡那霉素	2015 年版《中国兽药典》	牛、羊休药期 28 天，弃奶期 7 天
甲砜霉素片	2015 年版《中国兽药典》	休药期 28 天，弃奶期 7 天
甲砜霉素粉	2015 年版《中国兽药典》	休药期 28 天，弃奶期 7 天
头孢洛宁乳房注入剂（干乳期）	农业农村部公告第 96 号	在奶牛预产期 54 天前给药，弃奶期为产犊后 96 小时；若不足 54 天分娩，则给药时间延长至 54 天后，再弃奶 96 小时

（续）

兽药产品名称	标 准 来 源	休药期/弃奶期
硫酸头孢喹肟子宫注入剂	农业部公告第 2225 号	弃奶期 7 天
硫酸头孢喹肟注射液	农业农村部公告第 151 号	牛弃奶期 5 天，弃奶期 24 小时
硫酸头孢喹肟乳房注入剂（泌乳期）	农业部公告第 2195 号	弃奶期 4 天
硫酸头孢喹肟乳房注入剂（干乳期）	农业部公告第 2226 号	干乳期超过 5 周的弃奶期为产犊后 1 天；干乳期不足 5 周的弃奶期为给药后 36 天
头孢噻呋晶体注射液（牛用）	农业农村部公告第 11 号	牛休药期 13 天，弃奶期 0 天
注射用头孢噻呋钠	农业部公告第 2497 号	牛休药期 4 天，弃奶期 12 小时
盐酸头孢噻呋注射液	农业部公告第 2527 号	牛休药期 4 天，弃奶期 12 小时
盐酸头孢噻呋乳房注入剂（干乳期）	农业部公告第 2102 号	牛休药期 16 天；产犊前 60 天给药，弃奶期 0 天
盐酸头孢噻呋乳房注入剂（泌乳期）	农业部公告第 2434 号	牛休药期 0 天，弃奶期 72 小时
加米霉素注射液	农业农村部公告第 47 号	牛休药期 64 天，泌乳期奶牛禁用
盐酸多西环素片	2015 年版《中国兽药典》	牛、羊休药期 28 天
盐酸多西环素子宫注入剂说明书	2017 年版《兽药质量标准》	牛休药期 28 天，弃奶期 7 天
盐酸多西环素可溶性粉说明书	2017 年版《兽药质量标准》	休药期 28 天
硫酸庆大霉素注射液	2015 年版《中国兽药典》	牛、羊休药期 40 天
注射用乳糖酸红霉素	2015 年版《中国兽药典》	休药期为牛 14 天、羊 3 天，弃奶期 72 小时
注射用苄星青霉素	2015 年版《中国兽药典》	牛、羊休药期 4 天，弃奶期 3 天
苄星氯唑西林乳房注入剂	2015 年版《中国兽药典》	牛休药期 28 天，弃奶期为产犊后 96 小时

（续）

兽药产品名称	标 准 来 源	休药期／弃奶期
苄星氯唑西林乳房注入剂（干乳期）	农业部公告第 2279 号	牛休药期 28 天，弃奶期为产犊后 96 小时
盐酸吡利霉素乳房注入剂（泌乳期）	2017 年版《兽药质量标准》	弃奶期 72 小时
利福昔明乳房注入剂（干乳期）	农业部公告第 2442 号	产犊前 60 天给药，弃奶期 0 天
阿莫西林注射液	农业部公告第 2125 号	休药期为牛 16 天、猪 20 天，弃奶期 3 天
复方阿莫西林乳房注入剂	农业农村部公告第 150 号	弃奶期 60 小时
复方阿莫西林乳房注入剂（泌乳期）	农业部公告第 2329 号	牛休药期 7 天，弃奶期 60 小时
乳酸环丙沙星注射液	2017 年版《兽药质量标准》	牛休药期 14 天，弃奶期 84 小时
盐酸环丙沙星注射液	2017 年版《兽药质量标准》	畜禽休药期 28 天，弃奶期 7 天
注射用青霉素钠	2015 年版《中国兽药典》	休药期 0 天，弃奶期 72 小时
注射用青霉素钾	2015 年版《中国兽药典》	休药期 0 天，弃奶期 72 小时
注射用苯唑西林钠	2015 年版《中国兽药典》	牛、羊休药期 14 天，弃奶期 72 小时
盐酸林可霉素乳房注入剂（泌乳期）	2017 年版《兽药质量标准》	弃奶期 7 天
氟苯尼考子宫注入剂	2017 年版《兽药质量标准》	牛休药期 28 天，弃奶期 7 天
泰拉霉素注射液	农业部公告第 1837 号	牛休药期 49 天
恩诺沙星注射液	2015 年版《中国兽药典》	休药期为牛、羊 14 天，猪 10 天，兔 14 天
恩诺沙星注射液（10%）	农业部公告第 2238 号	牛静脉注射休药期 7 天、弃奶期 3 天；牛皮下注射休药期 14 天、弃奶期 5 天

（续）

兽药产品名称	标准来源	休药期/弃奶期
注射用氨苄西林钠	2015 年版《中国兽药典》	牛休药期 6 天，弃奶期 48 小时
注射用氨苄西林钠氯唑西林钠	2017 年版《兽药质量标准》	休药期 28 天，弃奶期 7 天
普鲁卡因青霉素萘夫西林钠硫酸双氢链霉素乳房注入剂（干乳期）	农业部公告第 2177 号	牛休药期 14 天，泌乳期禁用；产犊前 42 天内禁用；弃奶期 1.5 天
替米考星注射液	2015 年版《中国兽药典》	牛休药期 35 天
硫酸新霉素滴眼液	2015 年版《中国兽药典》	无须制定
硫酸新霉素软膏	2017 年版《兽药质量标准》	无须制定
注射用硫酸链霉素	2015 年版《中国兽药典》	牛、羊休药期 18 天，弃奶期 72 小时
硫酸双氢链霉素注射液	2017 年版《兽药质量标准》	牛、羊休药期 18 天，弃奶期 72 小时
注射用硫酸双氢链霉素	2017 年版《兽药质量标准》	牛、羊休药期 18 天，弃奶期 72 小时
注入用氯唑西林钠	2017 年版《兽药质量标准》	休药期 10 天，弃奶期 48 小时
普鲁卡因青霉素注射液	2015 年版《中国兽药典》	休药期为牛 10 天、羊 9 天，弃奶期 48 小时
注射用普鲁卡因青霉素	2015 年版《中国兽药典》	牛、羊休药期 4 天，弃奶期 72 小时
灭菌结晶磺胺	2017 年版《兽药质量标准》	无须制定
磺胺二甲嘧啶片	2015 年版《中国兽药典》	牛休药期 10 天，弃奶期 7 天
磺胺二甲嘧啶钠注射液	2015 年版《中国兽药典》	休药期 28 天，弃奶期 7 天
磺胺甲噁唑片	2015 年版《中国兽药典》	休药期 28 天，弃奶期 7 天
磺胺甲噁唑可溶性粉	2017 年版《兽药质量标准》	休药期 28 天
复方磺胺甲噁唑片	2015 年版《中国兽药典》	休药期 28 天，弃奶期 7 天
复方磺胺甲噁唑片（I）	2017 年版《兽药质量标准》	休药期 28 天，弃奶期 7 天
复方磺胺甲噁唑注射液	2017 年版《兽药质量标准》	休药期 28 天，弃奶期 7 天

（续）

兽药产品名称	标 准 来 源	休药期/弃奶期
复方磺胺甲噁唑粉	2017 年版《兽药质量标准》	休药期 28 天，弃奶期 7 天
磺胺对甲氧嘧啶二甲氧苄啶片	2017 年版《兽药质量标准》	休药期 28 天，弃奶期 7 天
磺胺对甲氧嘧啶二甲氧苄啶预混剂	2017 年版《兽药质量标准》	休药期为猪 28 天、鸡 10 天
复方磺胺对甲氧嘧啶片	2015 年版《中国兽药典》	休药期 28 天，弃奶期 7 天
复方磺胺对甲氧嘧啶钠注射液	2015 年版《中国兽药典》	休药期 28 天，弃奶期 7 天
复方磺胺对甲氧嘧啶粉	2017 年版《兽药质量标准》	休药期 28 天，弃奶期 7 天
磺胺脒片	2015 年版《中国兽药典》	休药期 28 天
磺胺间甲氧嘧啶片	2015 年版《中国兽药典》	休药期 28 天
磺胺间甲氧嘧啶粉	2017 年版《兽药质量标准》	休药期 28 天
磺胺间甲氧嘧啶钠可溶性粉	2017 年版《兽药质量标准》	休药期 28 天
磺胺间甲氧嘧啶钠注射液	2015 年版《中国兽药典》	休药期 28 天，弃奶期 7 天
复方磺胺间甲氧嘧啶可溶性粉	2017 年版《兽药质量标准》	休药期 28 天
复方磺胺间甲氧嘧啶注射液	2017 年版《兽药质量标准》	休药期 28 天
复方磺胺间甲氧嘧啶预混剂	2017 年版《兽药质量标准》	休药期 28 天
复方磺胺间甲氧嘧啶钠注射液	2017 年版《兽药质量标准》	休药期 28 天
复方磺胺间甲氧嘧啶钠粉	2017 年版《兽药质量标准》	休药期 28 天
复方磺胺间甲氧嘧啶钠溶液	2017 年版《兽药质量标准》	休药期 28 天
磺胺嘧啶片	2015 年版《中国兽药典》	牛、羊休药期 28 天，弃奶期 7 天
磺胺嘧啶钠注射液	2015 年版《中国兽药典》	休药期为牛 10 天、羊 18 天，弃奶期 3 天
复方磺胺嘧啶钠注射液	2015 年版《中国兽药典》	牛、羊休药期 12 天，弃奶期 48 小时

（续）

兽药产品名称	标 准 来 源	休药期/弃奶期
磺胺嘧啶银	2015 年版《中国兽药典》	无须制定
磺胺噻唑片	2015 年版《中国兽药典》	休药期 28 天，弃奶期 7 天
磺胺噻唑钠注射液	2015 年版《中国兽药典》	休药期 28 天，弃奶期 7 天
二氢吡啶预混剂	2017 年版《兽药质量标准》	牛休药期 7 天，弃奶期 7 天
戈那瑞林注射液	2017 年版《兽药质量标准》	牛休药期 7 天，弃奶期 12 小时
巴胺磷溶液	2017 年版《兽药质量标准》	羊休药期 14 天
甲基前列腺素 $F_{2\alpha}$ 注射液	2017 年版《兽药质量标准》	牛、羊休药期 1 天
甲硝唑片	2017 年版《兽药质量标准》	牛休药期 28 天
地芬尼泰混悬液	2017 年版《兽药质量标准》	羊休药期 7 天
伊维菌素氧阿苯达唑粉	2017 年版《兽药质量标准》	羊休药期 35 天，泌乳期禁用，母畜妊娠前期 45 天内慎用
芬苯达唑颗粒	2017 年版《兽药质量标准》	牛、羊休药期 14 天，弃奶期 7 天
芬苯达唑伊维菌素片	2017 年版《兽药质量标准》	牛、羊休药期 35 天，泌乳期禁用，母畜妊娠前期 45 天内慎用
吡唑酮粉	2017 年版《兽药质量标准》	休药期 28 天，弃奶期 7 天
阿苯达唑粉	2017 年版《兽药质量标准》	休药期为牛 14 天、羊 4 天，泌乳期禁用，母畜妊娠前期 45 天内慎用
阿苯达唑混悬液	2017 年版《兽药质量标准》	休药期为牛 14 天、羊 4 天，泌乳期禁用，母畜妊娠前期 45 天内慎用
阿苯达唑颗粒	2017 年版《兽药质量标准》	休药期为牛 14 天、羊 4 天，泌乳期禁用，母畜妊娠前期 45 天内慎用
阿苯达唑阿维菌素片	2017 年版《兽药质量标准》	牛、羊休药期 35 天，泌乳期禁用
阿苯达唑伊维菌素片	2017 年版《兽药质量标准》	牛、羊休药期 35 天，泌乳期禁用

（续）

兽药产品名称	标 准 来 源	休药期/弃奶期
阿苯达唑硝氯酚片	2017 年版《兽药质量标准》	休药期 28 天，泌乳期禁用，母畜妊娠前期 45 天内慎用
阿维菌素片	2017 年版《兽药质量标准》	羊休药期 35 天，泌乳期禁用
阿维菌素注射液	2017 年版《兽药质量标准》	羊休药期 35 天，泌乳期禁用
阿维菌素粉	2017 年版《兽药质量标准》	羊休药期 35 天，泌乳期禁用
阿维菌素透皮溶液	2017 年版《兽药质量标准》	牛休药期 42 天，泌乳期禁用
阿维菌素胶囊	2017 年版《兽药质量标准》	羊休药期 35 天，泌乳期禁用
阿维菌素氯氰碘柳胺钠片	2017 年版《兽药质量标准》	牛、羊休药期 35 天，泌乳期禁用
复方氯胺酮注射液	2017 年版《兽药质量标准》	休药期 28 天，弃奶期 7 天
盐酸左旋咪唑粉	2017 年版《兽药质量标准》	休药期为牛 2 天、羊 3 天，泌乳期禁用
硝氯酚伊维菌素片	2017 年版《兽药质量标准》	休药期 35 天，泌乳期禁用
硝碘酚腈注射液	2017 年版《兽药质量标准》	羊休药期 30 天，弃奶期 5 天
氯前列醇注射液	2017 年版《兽药质量标准》	牛休药期 1 天
奥芬达唑颗粒	2017 年版《兽药质量标准》	牛、羊休药期 7 天
奥苯达唑片	2017 年版《兽药质量标准》	休药期 28 天，奶牛禁用
碘醚柳胺片	2017 年版《兽药质量标准》	牛、羊休药期 60 天，泌乳期禁用
碘醚柳胺粉	2017 年版《兽药质量标准》	牛、羊休药期 60 天，泌乳期禁用
蝇毒磷溶液	2017 年版《兽药质量标准》	休药期 28 天
精制马拉硫磷溶液	2017 年版《兽药质量标准》	休药期 28 天
精制敌百虫片	2017 年版《兽药质量标准》	休药期 28 天
精制敌百虫粉	2017 年版《兽药质量标准》	休药期 28 天
醋酸氟孕酮阴道海绵	2017 年版《兽药质量标准》	羊休药期 30 天，泌乳期禁用

附表2　药物的残留限量

药　物	动物种类	靶组织	残留限量/(微克/千克)
阿苯达唑	牛/羊	肌肉	100
		脂肪	100
		肝	5000
		肾	5000
		奶	100
双甲脒	牛	脂肪	200
		肝	200
		肾	200
		奶	10
	绵羊	脂肪	400
		肝	100
		肾	200
		奶	10
	山羊	脂肪	200
		肝	100
		肾	200
		奶	10
阿莫西林	牛/羊	肌肉	50
		脂肪	50
		肝	50
		肾	50
		奶	4
氨苄西林	牛/羊	肌肉	50
		脂肪	50
		肝	50
		肾	50
		奶	4

（续）

药　　物	动物种类	靶组织	残留限量/（微克/千克）
氨丙啉	牛	肌肉	500
		脂肪	2000
		肝	500
		肾	500
阿维菌素	牛 （泌乳期禁用）	脂肪	100
		肝	100
		肾	50
	羊 （泌乳期禁用）	肌肉	20
		脂肪	50
		肝	25
		肾	20
杆菌肽	牛	可食组织	500
		奶	500
青霉素/普鲁卡因青霉素	牛	肌肉	50
		肝	50
		肾	50
		奶	4
倍他米松	牛	肌肉	0.75
		肝	2
		肾	0.75
		奶	0.3
头孢氨苄	牛	肌肉	200
		脂肪	200
		肝	200
		肾	1000
		奶	100

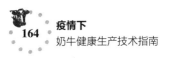

（续）

药　　物	动 物 种 类	靶 组 织	残留限量/（微克/千克）
头孢喹肟	牛	肌肉	50
		脂肪	50
		肝	100
		肾	200
		奶	20
头孢噻呋	牛	肌肉	1000
		脂肪	2000
		肝	2000
		肾	6000
		奶	100
克拉维酸	牛	肌肉	100
		脂肪	100
		肝	200
		肾	400
		奶	200
氯羟吡啶	牛/羊	肌肉	200
		肝	1500
		肾	3000
		奶	20
氯氰碘柳胺	牛	肌肉	1000
		脂肪	3000
		肝	1000
		肾	3000
	羊	肌肉	1500
		脂肪	2000
		肝	1500
		肾	5000
	牛/羊	奶	45

（续）

药　物	动物种类	靶组织	残留限量/（微克/千克）
氯唑西林	牛/羊	肌肉	300
		脂肪	300
		肝	300
		肾	300
		奶	30
黏菌素	牛/羊	肌肉	150
		脂肪	150
		肝	150
		肾	200
		奶	50
氟氯氰菊酯	牛	肌肉	20
		脂肪	200
		肝	20
		肾	20
		奶	40
三氟氯氰菊酯	牛	肌肉	20
		脂肪	400
		肝	20
		肾	20
		奶	30
	绵羊	肌肉	20
		脂肪	400
		肝	50
		肾	20
氯氰菊酯/α-氯氰菊酯	牛/绵羊	肌肉	50
		脂肪	1000
		肝	50
		肾	50
	牛	奶	100

（续）

药　　物	动物种类	靶组织	残留限量/（微克/千克）
环丙氨嗪	羊 （泌乳期禁用）	肌肉	300
		脂肪	300
		肝	300
		肾	300
达氟沙星	牛/羊	肌肉	200
		脂肪	100
		肝	400
		肾	400
		奶	30
溴氰菊酯	牛/羊	肌肉	30
		脂肪	500
		肝	50
		肾	50
	牛	奶	30
地塞米松	牛	肌肉	1.0
		肝	2.0
		肾	1.0
		奶	0.3
二嗪农	牛/羊	肌肉	20
		脂肪	700
		肝	20
		肾	20
		奶	20
地克珠利	绵羊	肌肉	500
		脂肪	1000
		肝	3000
		肾	2000

（续）

药　　物	动物种类	靶组织	残留限量/（微克/千克）
地昔尼尔	绵羊	肌肉	150
		脂肪	200
		肝	125
		肾	125
二氟沙星	牛/羊 （泌乳期禁用）	肌肉	400
		脂肪	100
		肝	1400
		肾	800
三氮脒	牛	肌肉	500
		肝	12000
		肾	6000
		奶	150
多拉菌素	牛	肌肉	10
		脂肪	150
		肝	100
		肾	30
		奶	15
	羊	肌肉	40
		脂肪	150
		肝	100
		肾	60
多西环素	牛 （泌乳期禁用）	肌肉	100
		脂肪	300
		肝	300
		肾	600
恩诺沙星	牛/羊	肌肉	100
		脂肪	100
		肝	300
		肾	200
		奶	100

（续）

药　物	动物种类	靶组织	残留限量/（微克/千克）
乙酰氨基阿维菌素	牛	肌肉	100
		脂肪	250
		肝	2000
		肾	300
		奶	20
红霉素	牛/羊	肌肉	200
		脂肪	200
		肝	200
		肾	200
		奶	40
非班太尔/芬苯达唑/奥芬达唑	牛/羊	肌肉	100
		脂肪	100
		肝	500
		肾	100
		奶	100
倍硫磷	牛	肌肉	100
		脂肪	100
		副产品	100
氰戊菊酯	牛	肌肉	25
		脂肪	250
		肝	25
		肾	25
		奶	40
氟苯尼考	牛/羊（泌乳期禁用）	肌肉	200
		肝	3000
		肾	300
氟佐隆	牛	肌肉	200
		脂肪	7000
		肝	500
		肾	500

（续）

药　物	动 物 种 类	靶 组 织	残留限量/（微克/千克）
醋酸氟孕酮	羊	肌肉	0.5
		脂肪	0.5
		肝	0.5
		肾	0.5
		奶	1
氟甲喹	牛/羊	肌肉	500
		脂肪	1000
		肝	500
		肾	3000
		奶	50
氟氯苯氰菊酯	牛	肌肉	10
		脂肪	150
		肝	20
		肾	10
		奶	30
	羊 （泌乳期禁用）	肌肉	10
		脂肪	150
		肝	20
		肾	10
氟胺氰菊酯	牛/羊	肌肉	10
		脂肪	10
		副产品	10
庆大霉素	牛	肌肉	100
		脂肪	100
		肝	2000
		肾	5000
		奶	200

（续）

药　　物	动物种类	靶组织	残留限量/(微克/千克)
常山酮	牛 （泌乳期禁用）	肌肉	10
		脂肪	25
		肝	30
		肾	30
咪多卡	牛	肌肉	300
		脂肪	50
		肝	1500
		肾	2000
		奶	50
氮氨菲啶	牛	肌肉	100
		脂肪	100
		肝	500
		肾	1000
		奶	100
伊维菌素	牛	肌肉	30
		脂肪	100
		肝	100
		肾	30
		奶	10
	羊	肌肉	30
		脂肪	100
		肝	100
		肾	30
卡那霉素	牛/羊	肌肉	100
		皮＋脂	100
		肝	600
		肾	2500
		奶	150

（续）

药　物	动物种类	靶组织	残留限量/（微克/千克）
拉沙洛西	牛	肝	700
	羊	肝	1000
左旋咪唑	牛/羊 （泌乳期禁用）	肌肉	10
		脂肪	10
		肝	100
		肾	10
林可霉素		肌肉	100
		脂肪	50
		肝	500
		肾	1500
		奶	150
马拉硫磷	牛/羊	肌肉	4000
		脂肪	4000
		副产品	4000
甲苯达唑	羊 （泌乳期禁用）	肌肉	60
		脂肪	60
		肝	400
		肾	60
安乃近	牛/羊	肌肉	100
		脂肪	100
		肝	100
		肾	100
		奶	50
莫能菌素	牛/羊	肌肉	10
		脂肪	100
		肾	10
	羊	20	肝
		100	肝
		奶	2

（续）

药　　物	动物种类	靶组织	残留限量/（微克/千克）
莫昔克丁	牛	肌肉	20
		脂肪	500
		肝	100
		肾	50
	绵羊	肌肉	50
		脂肪	500
		肝	100
		肾	50
	牛/绵羊	奶	40
甲基盐霉素		肌肉	15
		脂肪	50
		肝	50
		肾	15
新霉素	牛/羊	肌肉	500
		脂肪	500
		肝	5500
		肾	9000
		奶	1500
硝碘酚腈	牛/羊	肌肉	400
		脂肪	200
		肝	20
		肾	400
		奶	20
苯唑西林	牛/羊	肌肉	300
		脂肪	300
		肝	300
		肾	300
		奶	30

（续）

药　　物	动物种类	靶组织	残留限量/（微克/千克）
噁喹酸	牛	肌肉	100
		脂肪	50
		肝	150
		肾	150
土霉素/金霉素/四环素	牛/羊	肌肉	200
		肝	600
		肾	1200
		奶	100
辛硫磷	羊	肌肉	50
		脂肪	400
		肝	50
		肾	50
吡利霉素	牛	肌肉	100
		脂肪	100
		肝	1000
		肾	400
		奶	200
巴胺磷	羊 （泌乳期禁用）	脂肪	90
		肾	90
碘醚柳胺	牛	肌肉	30
		脂肪	30
		肝	10
		肾	40
	羊	肌肉	100
		脂肪	250
		肝	150
		肾	150
	牛/羊	奶	10

（续）

药　　物	动物种类	靶组织	残留限量/（微克/千克）
大观霉素	牛/羊	肌肉	500
		脂肪	2000
		肝	2000
		肾	5000
	牛	奶	200
螺旋霉素	牛	肌肉	200
		脂肪	300
		肝	600
		肾	300
		奶	200
链霉素/双氢链霉素	牛/羊	肌肉	600
		脂肪	600
		肝	600
		肾	1000
		奶	200
磺胺二甲嘧啶	牛/羊	肌肉	100
		脂肪	100
		肝	100
		肾	100
	牛	奶	25
磺胺类	牛/羊	肌肉	100
		脂肪	100
		肝	100
		肾	100
		奶	100（除磺胺二甲嘧啶）
噻苯达唑	牛/羊	肌肉	100
		脂肪	100
		肝	100
		肾	100
		奶	100

（续）

药　　物	动物种类	靶　组　织	残留限量/（微克/千克）
甲砜霉素	牛/羊	肌肉	50
		脂肪	50
		肝	50
		肾	50
	牛	奶	50
替米考星	牛/羊	肌肉	100
		脂肪	100
		肝	1000
		肾	300
		奶	50
托曲珠利	牛/羊 （泌乳期禁用）	肌肉	100
		脂肪	150
		肝	500
		肾	250
敌百虫	牛	肌肉	50
		脂肪	50
		肝	50
		肾	50
		奶	50
三氯苯达唑	牛	肌肉	250
		脂肪	100
		肝	850
		肾	400
	羊	肌肉	200
		脂肪	100
		肝	300
		肾	200
	牛/羊	奶	10

（续）

药　　物	动物种类	靶　组　织	残留限量/（微克/千克）
甲氧苄啶	牛	肌肉	50
		脂肪	50
		肝	50
		肾	50
		奶	50
泰乐菌素	牛	肌肉	100
		脂肪	100
		肝	100
		肾	100
		奶	100

附表3　商品化的疫病检测试剂盒和胶体金试纸条

名　　称	包　　装
布鲁氏杆菌抗体检测试剂盒（竞争法）	96 孔/192 孔盒
牛布鲁氏杆菌抗体检测试剂盒（间接法）	96 孔/193 孔盒
羊布鲁氏杆菌抗体检测试剂盒（间接法）	96 孔/194 孔盒
小反刍兽疫病毒抗体检测试剂盒（间接法）	96 孔/195 孔盒
小反刍兽疫病毒抗体快速检测卡	20 条/盒
奶牛酮病快速检测试纸条（牛奶）	25 条/盒
布鲁氏杆菌抗体快速检测卡（含液）	20 条/盒

附表4　商品化兽药残留的检测试剂盒

产品名称	规　格
呋喃唑酮代谢物酶联免疫试剂盒	96 孔/盒
呋喃它酮代谢物酶联免疫试剂盒	97 孔/盒
呋喃西林代谢物酶联免疫试剂盒	98 孔/盒
伊维菌素酶联免疫试剂盒	99 孔/盒
磺胺类酶联免疫试剂盒	100 孔/盒

（续）

产品名称	规　格
氯霉素酶联免疫试剂盒	101 孔/盒
泰乐菌素酶联免疫试剂盒	102 孔/盒
庆大霉素酶联免疫试剂盒	103 孔/盒
利巴韦林酶联免疫试剂盒	104 孔/盒
磺胺总量酶联免疫试剂盒	105 孔/盒
氟苯尼考酶联免疫试剂盒	106 孔/盒
氨苄西林酶联免疫试剂盒	107 孔/盒
β-内酰胺类抗生素酶联免疫试剂盒	108 孔/盒
多拉菌素酶联免疫试剂盒（牛奶检测）	109 孔/盒
新霉素酶联免疫试剂盒	110 孔/盒
头孢噻呋代谢物酶联免疫试剂盒	111 孔/盒
金刚烷胺酶联免疫试剂盒	112 孔/盒
林可霉素酶联免疫试剂盒	113 孔/盒
卡那霉素酶联免疫试剂盒	114 孔/盒
磺胺二甲基嘧啶酶联免疫试剂盒	115 孔/盒
地塞米松酶联免疫试剂盒	116 孔/盒
阿维菌素酶联免疫试剂盒	117 孔/盒
三甲氧苄胺嘧啶酶联免疫试剂盒	118 孔/盒
四环素类酶联免疫试剂盒	119 孔/盒
替米考星酶联免疫试剂盒	120 孔/盒
甲砜霉素酶联免疫试剂盒	121 孔/盒
链霉素酶联免疫试剂盒	122 孔/盒
甲硝唑酶联免疫试剂盒	123 孔/盒
红霉素酶联免疫试剂盒	124 孔/盒
大观霉素酶联免疫试剂盒	125 孔/盒
阿莫西林酶联免疫试剂盒	126 孔/盒

附表 5　商品化的胶体金试纸条

产 品 名 称	检 测 限 值
氯霉素-琥珀氯霉素快速检测试纸条（奶样）	0.1 微克/千克
氯霉素快速检测试纸条（奶样、羊奶）	0.1 微克/千克
链霉素快速检测试纸条（奶样）	50/100 微克/千克
三聚氰胺快速检测试纸条（奶样）	5/20/50 微克/千克
三聚氰胺快速检测试纸条（羊奶）	5 微克/千克
磺胺类快速检测试纸条（奶样）	1.5~10 微克/千克
磺胺类快速检测试纸条（羊奶）	10~50 微克/千克
喹诺酮类快速检测试纸条（奶样）	20 微克/千克
喹诺酮类快速检测试纸条（奶样）	0.8~5.0 微克/千克
喹诺酮类快速检测试纸条（羊奶）	0.6~4.0 微克/千克
庆大霉素快速检测试纸条（奶样）	100 微克/千克
庆大霉素快速检测试纸条（羊奶）	3 微克/千克
庆大霉素快速检测试纸条（奶样）	20 微克/千克
氟苯尼考快速检测试纸条（奶样、羊奶）	0.1 微克/千克
β-内酰胺类抗生素快速检测试纸条（奶样、羊奶）	2~70 微克/千克
β-内酰胺酶快速检测试纸条（奶样）	0.5/2/4 单位
β-内酰胺酶检测试纸条（羊奶）	2~3 单位
黄曲霉毒素 M1 快速检测试纸条（羊奶）	0.1 微克/千克
黄曲霉毒素 M1 快速检测试纸条（奶样）	0.2 微克/千克
玉米赤霉醇快速检测试纸条（奶样）	1 微克/千克
莱克多巴胺快速检测试纸条（奶样）	0.25 微克/千克
β-内酰胺类-四环素类-头孢氨苄抗生素快速检测试纸条（奶样）	2~70 微克/千克
四环素类快速检测试纸条（奶样、羊奶）	5~10 微克/千克
林可霉素快速检测试纸条（奶样）	75 微克/千克
林可霉素快速检测试纸条（羊奶）	3 微克/千克
卡那霉素快速检测试纸条（奶样）	50 微克/千克

（续）

产 品 名 称	检 测 限 值
卡那霉素快速检测试纸条（羊奶）	3 微克/千克
红霉素快速检测试纸条（奶样）	10 微克/千克
新霉素快速检测试纸条（羊奶）	5 微克/千克
新霉素快速检测试纸条（奶样）	200 微克/千克
甲砜霉素快速检测试纸条（奶样）	5 微克/千克
大观霉素快速检测试纸条（奶样）	50 微克/千克
地塞米松快速检测试纸条（奶样、羊奶）	0.2 微克/千克
卡那霉素-红霉素-林可霉素快速检测试纸条（奶样）	50/20/75 微克/千克
新霉素-泰乐菌素快速检测试纸条（奶样）	200~25 微克/千克
T-2 毒素快速检测试纸条（奶样）	50 微克/千克
林可霉素-替米考星快速检测试纸条（奶样）	75~25 微克/千克
大观霉素-庆大霉素-林可霉素快速检测试纸条（奶样）	100/100/75 微克/千克
甲氧苄啶快速检测试纸条（奶样）	25 微克/千克
β-内酰胺类-头孢氨苄抗生素快速检测试纸条（羊奶、羊奶粉）	2~70 微克/千克
β-内酰胺类-四环素类-头孢氨苄抗生素快速检测试纸条（奶样）	1.5~70 微克/千克
β-内酰胺类-四环素类-头孢氨苄抗生素快速检测试纸条（羊奶）	2~70 微克/千克
苯甲酸快速检测试纸条（奶样、羊奶）	4~5 毫克/千克
杆菌肽快速检测试纸条（奶样）	20 微克/千克
链霉素-双氢链霉素快速检测试纸条（奶样）	50 微克/千克
链霉素-双氢链霉素快速检测试纸条（羊奶）	3 微克/千克
链霉素-双氢链霉素-庆大霉素快速检测试纸条（奶样）	50~100 微克/千克
氟尼辛葡甲胺快速检测试纸条（奶样）	2~20 微克/千克
羊奶掺假快速检测试纸条（羊奶）	0.2%~0.5%
卡那霉素-庆大霉素-林可霉素-链霉素快速检测试纸条（羊奶）	3/3/6/3 微克/千克

（续）

产 品 名 称	检 测 限 值
链霉素/双氢链霉素-大观霉素-卡那霉素-新霉素快速检测试纸条（奶样）	50/100/50/200 微克/千克
林可霉素-红霉素-泰乐菌素-庆大霉素快速检测试纸条（奶样）	100/10/25/100 微克/千克
安乃近代谢物快速检测试纸条（奶样）	25 微克/千克
呋喃妥因代谢物快速检测卡（奶样、含液）	0.5 微克/千克
阿维菌素快速检测试纸条（奶样、羊奶）	6 微克/千克
呋喃西林代谢物快速检测卡（奶样、含液）	0.5 微克/千克
呕吐毒素快速检测试纸条（奶样、饲料、谷物、含液）	700 微克/千克
伊维菌素快速检测试纸条（奶样、羊奶）	8 微克/千克
赭曲霉毒素快速检测试纸条（奶样、饲料、谷物、含液）	3.5 微克/千克

参 考 文 献

［1］李兰娟，任红．传染病学［M］．8版．北京：人民卫生出版社，2013．

［2］方芳，孙志伟，贾涛，等．生鲜乳质量安全关键点分析［J］．中国奶牛，2017（8）：45-47．

［3］田帅，刘光磊，叶耿坪，等．生鲜乳质量安全风险评估技术研究进展［J］．中国奶牛，2017（5）：45-48．

［4］郑淑容．牛奶中抗生素残留的危害及对策［J］．中国畜禽种业，2010（1）：29-31．

［5］赵少华．牛奶产业链中的抗生素残留及预防措施［J］．中国奶牛，2010（1）：52-59．

［6］中国兽药典委员会．兽药质量标准（2017年版）：化学药品卷［M］．北京：中国农业出版社，2017．

［7］王小慈．食品动物常用抗菌药物休药期规定一览表（2019年）［J］．中国动物保健，2019（10）：18-23．

［8］中华人民共和国农业农村部，中华人民共和国国家卫生健康委员会，国家市场监督管理总局。食品安全国家标准　食品中兽药最大残留限量：GB 31650—2019［S］，北京：中国标准出版社，2019．

［9］中国兽药典委员会，中华人民共和国兽药典兽药使用指南（2010年版）：化学药品卷［M］．北京：中国农业出版社，2011．

［10］邓兴照．我国生鲜乳质量安全监管举措及成效［J］．中国奶牛，2019（10）：2-6．

［11］李国学，张福锁．固体废物堆肥化与有机复混肥生产［M］．北京：化学工业出版社，2000．

［12］吴遥远，张桥，余新盛．现代堆肥影响因素及控制［J］．安徽农学通报，2007（13）：69-71．

［13］贺延龄．废水的厌氧生物处理［M］．北京：中国轻工业出版社，1998．

［14］王凯军．畜禽养殖污染防治技术与政策［M］．北京：化学工业出版社，2004．

［15］张自杰．排水工程：下册［M］．4版．北京：中国建筑工业出版社，2000．

［16］崔言顺，焦新安．人畜共患病［M］．北京：中国农业出版社，2008．

［17］马衍忠，马文芝，金天明．人与伴侣动物共患病的防治［M］．天津：天津科学技术出版社，2017．

[18] BLOWEY R W, WEAVER A D. 牛病彩色图谱 [M]. 齐长明, 译. 北京: 中国农业大学出版社, 2004.

[19] TYLER H D, ENSMINGER M E. 奶牛科学 [M]. 张沅, 王雅春, 张胜利, 译. 北京: 中国农业大学出版社, 2007.

[20] RUESSE M W. Geburten im Stall [M]. Frankfurt: DLV-Verlag, 1987.

[21] 张凡建, 侯引绪. 断奶前犊牛的健康保健技术 [J]. 当代畜牧, 2016 (9): 8-9.